MINÉRALOGIE
ÉLÉMENTAIRE
OU
INTRODUCTION
A L'ÉTUDE
De la Géologie,

PAR

C. G. Chesnon,

PRINCIPAL DU COLLÉGE DE BAYEUX.

Summa sequar.......

Énéide, liv. 1.

BAYEUX,

NICOLLE, LIBRAIRE, RUE SAINT-JEAN, 30.

Caen,
HUET-CABOURG,
LIBRAIRE,
Pont Saint-Jacques.

Paris,
HACHETTE,
LIBRAIRE DE L'UNIVERSITÉ,
Rue Pierre Sarrazin, 12.

1838.

MINÉRALOGIE

ÉLÉMENTAIRE.

On trouve aussi chez les mêmes Libraires :

ESSAI SUR L'HISTOIRE NATURELLE DE LA NORMANDIE, par C. G. CHESNON, principal du collége de Bayeux, ouvrage adopté par le conseil royal de l'université. Un volume in octavo avec planches. Prix......... 4 fr.

TRAITÉ ÉLÉMENTAIRE DE GÉOLOGIE, par M. BOUBÉE, professeur à Paris. Un volume in-dix-huit, troisième édition, 1838. Prix....................... 2 fr.

HISTORIETTES SUR LA PHYSIQUE, par M. HUTTEMIN, professeur au collége royal d'Angers. Un volume in-douze, avec planches. Prix......................... 2 fr. 50 c.

MINÉRALOGIE
ÉLÉMENTAIRE
OU
INTRODUCTION
A L'ÉTUDE
DE LA GÉOLOGIE ;

PAR C. G. CHESNON,

PRINCIPAL DU COLLÉGE DE BAYEUX.

Summa sequar........
Énéide, liv. I.

BAYEUX,

NICOLLE, LIBRAIRE, RUE SAINT-JEAN, 30.

Caen,	Paris,
HUET CABOURG,	HACHETTE,
LIBRAIRE,	LIBRAIRE DE L'UNIVERSITÉ,
Pont Saint-Jacques.	Rue Pierre Sarrazin, 12.

1838.

IMPRIMERIE DE L. NICOLLE, A BAYEUX.

A mes Élèves.

Une des études les plus dignes de l'homme, c'est sans contredit celle de la Géologie ou connaissance du globe terrestre, de son origine, de sa formation, de ses nombreuses révolutions et des étonnants cataclysmes dont les traces et les preuves se révèlent continuellement à l'observateur.

Non seulement cette étude offre une immense et inépuisable carrière aux méditations du savant, mais elle présente aussi un attrait bien puissant à ce désir, si naturel à tous les hommes, de se rendre compte des admirables phénomènes que nous observons. Par elle nous remontons des effets aux causes, et de l'harmonie des lois qu'elle nous découvre nous nous élevons jusqu'au Législateur. C'est cette science qui dirige le physicien, le chimiste, l'ingénieur, dans leurs recherches et leurs travaux, en leur indiquant les ressources que les sciences et les arts peuvent retirer des minéraux que le sein de la terre renferme et que la Nature a mis à notre disposition. Elle fournit à l'agronome des résultats positifs en lui faisant connaître les qualités des divers terrains, et par un heureux accord de la théorie et de la pratique, elle le guide avec certitude dans la culture et l'amendement du sol qu'il habite. Base de l'étude de l'histoire naturelle, la Géologie donne au botaniste la solution de beaucoup de problèmes inexplicables sans son secours; elle se lie nécessairement à l'étude des animaux; les trois grands règnes de la nature s'y rapportent; ne nous étonnons donc point, Messieurs, des rapides progrès que cette science a faits depuis quelques années et de l'importance qu'on y attache.

Mais l'étude de la Géologie exige nécessairement la connaissance préliminaire de la Minéralogie ; en effet, avant d'étudier l'ordre de la formation des terrains et des roches ainsi que les phénomènes géologiques, il faut pouvoir déterminer les espèces de roches qui constituent la masse du globe.

En faisant entrer cette étude dans le programme de l'enseignement primaire supérieur et dans celui du baccalauréat-ès-siences physiques, l'université n'a point entendu l'élever cependant au-dessus des connaissances acquises par les élèves de ces classes.

Il vous faut donc étudier la Minéralogie sans le secours des hautes mathématiques.

Nous avons, je le sais, de savants traités sur cette partie des connaissances qui doivent compléter l'instruction d'un jeune homme ; mais ces ouvrages ont été composés pour des élèves en état de les comprendre, et par leur âge, et par les connaissances que vous n'avez encore pu acquérir.

Un abrégé concis, simple, mais présentant néanmoins les moyens de reconnaître et de déterminer méthodiquement les principales espèces de roches, et surtout celles de la Normandie, qui d'ailleurs se retrouvent dans toute la France, m'a semblé pouvoir vous offrir quelques avantages et vous servir d'introduction. Les caractères sur lesquels vous devez fixer spécialement votre attention sont imprimés en lettres italiques. Un *vocabulaire étymologique* placé avant la table vous servira pour l'intelligence des mots techniques.

L'étude de la Géologie étant le principal but que nous nous proposons, nous n'avons point dû parler des métaux et autres substances qui font également partie du règne minéral ; ils seront l'objet d'un cours complet de minéralogie que vous pourrez suivre avec fruit lorsque vous aurez étudié la physique et la chimie.

Nos grands maîtres dans la science ne nous ayant pas encore donné de *traité élémentaire* approprié aux élèves qui débutent dans l'étude, j'ai extrait de divers ouvrages, tels que de la *Minéralogie* de Brard, de celle de Beudant, du *Dictionnaire classique de l'histoire naturelle*, etc., les analyses et les notions indispensables pour une étude méthodique des roches. Le consciencieux travail de M. de Caumont sur la topographie géognostique du Calvados et de la Manche, m'a été très-utile pour l'énumération des principales espèces de notre province. Pour éviter ensuite le désagrément et la perte de temps qu'entraînent nécessairement les dictées, je me suis décidé à faire imprimer ces rédactions, encouragé d'ailleurs par les résultats dûs à votre zèle et à votre assiduité. Puisse cet Essai y répondre et vous mettre en état d'étudier plus tard la Minéralogie et la Géologie sous les savants professeurs dont la France s'honore !

—

MINÉRALOGIE.

CHAPITRE Ier.

La Minéralogie est la science des minéraux, c'est-à-dire des corps inorganiques ou bruts, formés naturellement dans le sein de la terre, croissants par juxtà-position, que l'on rencontre à la surface ou dans l'intérieur du globe et qui en forment la masse.

L'étude de la Minéralogie doit commencer par l'étude des élements primitifs qui sont la base des substances formant ensuite les minéraux ou roches qui se trouvent en Normandie. A cette étude préliminaire et indispensable, succédera celle des roches et ensuite la connaissance des rapports d'âge et de position.

De là, deux parties bien distinctes dans l'étude de cette science :

1° Etude des éléments et des substances qui composent les roches ou

ANALYSE CHIMIQUE ;

2° Etude des roches qui en sont formées ou

MINÉRALOGIE.

1° ANALYSE CHIMIQUE.

§ Ier.

L'étude de la Minéralogie exigerait un cours complet de physique, de chimie et de géométrie, pour être étudiée d'une manière approfondie. Dans l'impossibilité d'exiger ces connaissances préliminaires des élèves pour lesquels cette introduction est destinée, nous nous contenterons de quelques définitions générales et indispensables : d'abord il est très-important de bien entendre le mot *Élément* dont nous aurons fréquemment à parler, ainsi que les mots *Acides*, *Oxides*, *Affinité*, *Cohésion*, *Attraction*, etc., souvent usités.

Par *Élément* on entend un *corps simple*, c'est-à-dire qu'on n'a encore pu jusqu'à ce jour décomposer en plusieurs sortes de matières. Dans l'état actuel de la science, on compte 54 éléments ou corps simples, dont l'énumération et la connaissance appartiennent à un cours de chimie.

Par *Acides* on entend des corps qui, en se combinant avec l'oxigène prennent de nouvelles qualités et propriétés, telles qu'une saveur aigre, acide, la propriété de *rougir* certaines couleurs bleues végétales. Ces corps sont très-avides de se combiner avec les oxides et les alcalis et autres corps pour former des composés qu'on nomme *Sels*.

Le vinaigre, le citron donnent une idée de la saveur aigre, acide.

Par *Oxides*, on entend des substances simples combinées avec l'oxigène, mais dont les propriétés sont différentes de celles des acides ; ainsi, loin de rougir les couleurs végétales, les oxides les *verdissent* et *ramènent au bleu* celles qui avaient été rougies par les acides, etc.

Affinité, Attraction, Cohésion.

Avant de définir les mots Affinité, Attraction, Cohésion, il faut d'abord remarquer que tout corps est divisible à l'infini en molécules ou atomes, soit composés *d'éléments semblables*, et alors le corps est *simple* ou *élément*; soit composés de *substances différentes*, et alors ce corps se nomme *corps composé*.

Dans le premier cas les particules ou molécules qui composent un corps à l'état d'élément étant de *même nature*, se nomment *molécules intégrantes*, c'est-à-dire composées d'atomes de substance de même nature.

Dans le second cas les particules ou molécules qui composent le corps étant de *nature différente*, se nomment *molécules constituantes*, c'est-à-dire composées de molécules de substances différentes.

Ceci posé,

Par *attraction moléculaire* on entend une loi physique en vertu de laquelle les corps ou les molécules des corps tendent irrésistiblement à se réunir. Il faut alors distinguer,

1° Si les molécules sont de même nature ou *intégrantes*, et alors l'attraction se fait par *cohésion;*

2° Si les molécules sont de nature différente ou *constituantes*, et alors l'attraction se fait par *affinité.*

Ainsi, par *Cohésion* on entend l'attraction qui force des substances ou molécules de *même nature* ou *intégrantes* à se réunir.

Par *Affinité* on entend l'attraction qui force des substances de *nature différente* ou *constituantes* à se réunir.

En résumé nous dirons :

Un corps est simple ou composé; s'il est *simple*, il est formé de molécules de *même nature* ou *intégrantes* et réunies par *cohésion*, ex. : le diamant; s'il est *composé*, il est formé de molécules de *différente nature* ou *constituantes*, et réunies par *affinité.*

§ II.

Après ces notions préliminaires, étudions les éléments dont la réunion et les combinaisons forment les substances qui sont la base des roches qui se trouvent en Normandie.

L'analyse des roches de notre pays a démontré qu'elles sont en général le résultat de la combinaison de *corps simples* ou *éléments* parmi lesquels nous remarquerons principalement :

1° Le Gaz oxigène.
2° L'Aluminium.
3° Le Calcium.
4° Le Chrôme.
5° Le Magnesium.
6° Le Potassium.
7° Le Silicium.

Plus trois acides ou corps composés, l'Acide silicique, l'Acide carbonique, et l'Acide sulfurique.

Une première combinaison d'un ou plusieurs de ces éléments forme d'abord dix substances composées, qui sont ensuite la base des roches ; ce sont :

1° L'Amphibole.
2° Le Calcaire.
3° La Diallage.
4° La Dolomie.
5° Le Feldspath.
6° Le Gypse.
7° Le Mica.
8° Le Pyroxène.
9° Le Quartz.
10° Le Talc.

L'étude de ces substances est d'autant plus indispensable, que les caractères qui leur sont propres sont aussi ceux des minéraux qui en sont formés, et que sans cette connaissance préliminaire, on ne pourrait déterminer méthodiquement aucune espèce de roche.

Nous étudierons d'abord les corps simples ou éléments et ensuite les substances composées, en suivant l'ordre alphabétique.

§ III.

1° Oxigène.

L'oxigène est un gaz ou fluide aériforme, incolore, inodore, et sans saveur. Il entre comme partie constituante dans la composition de l'air atmosphérique et de la plupart des composés inorganiques. Il fut découvert en 1774 par Schéele et Priestley, et de cette époque date le perfectionnement de la chimie.

Le nom de ce gaz, vient de la propriété qu'il a de produire les acides et les oxides.

Il se combine avec la plupart des substances, et sa combinaison est ordinairement accompagnée du phénoméne du *feu*, c'est-à-dire du dégagement de chaleur. *La flamme* qui souvent accompagne le dégagement du calorique, est une matière gazeuse, chauffée au point de devenir lumineuse.

Par *combustion* on entend la combinaison de l'oxigène avec certains corps, qui alors sont dits *oxigénés* ou *brûlés*.

L'oxigène fait partie de l'air, de l'eau, et entre dans la composition des animaux, des plantes, et de la plupart des minéraux. Il entretient la vie, fait brûler les corps combustibles, altère et rouille les métaux.

2° Aluminium.

Le nom de ce métal vient du mot *Alumen*, *Alun*.

Cet élément a été obtenu en 1827 par le chimiste Wœhler, qui est parvenu à l'isoler ou l'extraire de l'alumine.

L'Aluminium forme une poudre grise qui ressemble beaucoup à celle du Platine. Les paillettes qui en sont formées ont le brillant métallique et la blancheur de l'étain. L'Aluminium brûle dans le gaz oxigène avec une flamme si éclatante que l'œil peut à peine la supporter. L'Aluminium ne s'oxide point dans l'eau tant qu'elle est froide. Combiné avec l'oxigène, il forme un oxide auquel on donne le nom *d'Alumine*.

L'Alumine est une des substances le plus abondamment répandues dans la nature. On la trouve quelquefois cristallisée à l'état de pureté, alors on la nomme *Corindon*. Lorsqu'elle est transparente, elle constitue le *Rubis*, le *Saphir*. Elle entre dans la composition du Feldspath, du Mica ; mêlée de silice elle forme les argiles ; avec l'acide sulfurique et la potasse, on en obtient *l'alun*.

L'Alun ou sulfate d'alumine alcaline est une substance ou sel que l'on trouve à l'état naturel.

L'Alumine pure ou sous-sulfatée est blanche, douce, onctueuse au toucher, insipide ; elle happe à la langue et fait pâte avec l'eau.

Nous reconnaîtrons ces caractères dans les argiles qui les doivent à l'Alumine.

Les combinaisons de l'Alumine avec l'acide silicique forment la base de la porcelaine, de la faïence, de la poterie, des creusets, en un mot de tous les ustensiles que l'on forme avec différentes sortes d'argiles.

3° Calcium.

Le Calcium est un métal blanc argentin ; il est ductile et mou comme de la cire ; il s'enflamme très aisément à l'air : uni à l'oxigène, pour lequel il a beaucoup d'affinité, il donne *l'oxide de calcium* ou *calcaire*.

Cette substance ne se trouve jamais à l'état élémentaire ; mais elle est toujours combinée avec les acides, tels que l'acide carbonique, dans la craie, le marbre, la pierre à chaux ou calcaire, et forme alors le *carbonate* de chaux ; avec l'acide sulfurique, dans le gypse, et donne le *sulfate* de chaux; avec l'acide phosphorique, dans les os des animaux, et donne le *phosphate* de chaux, et avec l'acide silicique dans beaucoup de minéraux.

On l'obtient dans les laboratoires de chimie.

Le Calcium a été découvert en 1807 par Seebeck et Davy.

4 Chrôme.

Le Chrôme a été découvert en 1797 dans le plomb rouge de Sibérie, ou chromate plombique, par le célèbre chimiste Vauquelin, notre compatriote.

Ce métal est d'un blanc argentin, doué de quelque éclat, cassant; l'aimant l'attire facilement.

L'acide de chrôme est d'une belle couleur rouge; et l'oxide d'un vert d'émeraude. C'est l'oxide de chrôme qui donne la belle couleur verte à *l'émeraude*, à *la diallage verte*, etc. *Le rubis spinelle* doit à l'acide sa couleur rouge.

L'oxide chrômique sert à peindre en vert sur la porcelaine; il peut supporter l'action du feu sans s'altérer. Cet oxide se trouve dans beaucoup de minéraux.

5° Magnesium.

Le Magnesium est un métal d'un blanc argentin, très malléable, qui par sa combinaison avec l'oxigène constitue la *Magnésie* d'où on l'extrait ; car jamais il ne se trouve à l'état d'élément dans la nature. Il a été découvert en **1829** par Bussy.

La Magnésie carbonatée ou Carbonate de magnésie est une substance blanche, de texture terreuse, *soluble avec effervescence* dans l'acide nitrique.

Cette substance est très usitée en médecine; on emploie le sulfate de magnésie, connu dans le commerce sous le nom de *Sel d'Epsom, Sel de Sedlitz*. Ce sel se trouve en solution dans les eaux à Sedlitz en Bohême, et à Epsom en Angleterre.

6° Potassium.

Découvert en 1807 par sir Davy, chimiste anglais, le Potassium s'extrait de l'hydrate potassique sous la forme de globules métalliques, d'un blanc grisâtre, mous comme de la cire. C'est un des métaux qui a le plus d'affinité pour l'oxigène, aussi faut-il pour le conserver le tenir dans des flacons hermétiquement fermés et remplis d'huile de pétrole ou de naphte.

Un globule de Potassium mis en contact avec l'eau, en parcourt la surface, prend feu et brûle avec une flamme rouge. Quand la flamme s'éteint, il reste un petit globule transparent, qui crépite ou pétille en disparaissant. Ce globule est de la *potasse* que le métal produit en s'oxidant aux dépens de l'eau qu'il décompose.

En effet, au moment du contact du Potassium avec l'eau, le Potassium s'empare de l'oxigène de l'eau qui en s'unissant avec le métal produit la flamme; l'hydrogène, n'ayant point d'affinité pour le Potassium, se dégage sous la forme de vapeur blanchâtre.

Le Potassium, uni à l'oxigène, forme *la potasse* dont l'usage est fréquent. La potasse s'extrait le plus ordinairement des cendres des végétaux.

La potasse pure, dont on extrait l'acide carbonique, se nomme *pierre à cautère*.

Nous connaissons le *nitre* ou *salpêtre* ou potasse nitratée dont on se sert pour la préparation de la poudre à canon, qui est un mélange de six parties de nitre, d'une de charbon et d'une de soufre et dont l'effet terrible est le résultat de l'expansion subite des différents gaz qui se développent lors de l'inflammation de la poudre.

Le nitre s'emploie encore dans la préparation de l'acide nitrique et de l'acide sulfurique.

7° Silicium.

Le Silicium est un corps simple, dont la combinaison avec l'oxigène, forme la Silice qui, après l'oxigène, est un des principes constituants du globe. C'est à Davy qu'on doit encore la découverte de cet élément.

La Silice ou oxide de silicium, telle qu'on l'obtient par les procédés chimiques, est une poudre blanche, rude au toucher; cette substance se trouve aussi parfaitement pure dans la nature, puisque le cristal de roche est de la silice pure.

8° Acide silicique.

La Silice porte le nom d'oxide de silicium étant composée de 51,96 parties d'oxigène, et de 48,04 de Silicium. Cependant, comme l'a reconnu Berzelius, le nom d'acide silicique lui convient mieux : en effet, quoique cet acide soit l'un des plus faibles, puisqu'il n'a pas la propriété de rougir la teinture de tournesol, il est cependant susceptible de se combiner avec les oxides métalliques ou bases salifiables pour produire des sels.

Cette substance, soit qu'on la nomme silice, ou acide silicique, ou oxide de silicium, est blanche, pulvérulente, rude au toucher, et elle croque sous la dent.

Il n'est aucune substance peut-être qui soit plus commune dans les minéraux que l'acide silicique, soit libre, soit combiné. Pur, cet acide produit le cristal de roche; coloré par des oxides, il forme beaucoup de pierres précieuses, telles que l'agathe, le rubis, etc., et enfin toutes les pierres dont nous parlerons à l'article *Quartz*.

9° Acide carbonique.

L'Acide carbonique est un gaz incolore, d'une saveur aigrelette, d'une odeur légèrement piquante; on l'obtient aussi à l'état fluide, et à l'état solide.

Il ne peut servir à la combustion, et il asphyxie promptement les animaux qui le respirent. Il est plus pesant que l'air atmosphérique.

L'Acide carbonique se trouve tout formé dans la nature, dans l'atmosphère, dans quelques cavités souterraines, telle que la fameuse Grotte du Chien, près de Pouzzolles, sur le bord du lac d'Agnano dans les environs de Naples, dans quelques eaux minérales, telles que celle de Seldz. Dans d'autres localités, l'acide carbonique sort de terre en quantité parfois considérable; on connaît la *Fontaine empoisonnée* auprès d'Aigueperse en Auvergne; c'est un trou ou ouverture par laquelle sort continuellement une énorme quantité de ce gaz qui asphyxie les êtres vivants qui s'en approchent. Il produit la mousse du vin de champagne, du cidre et des liqueurs fermentées. Il se trouve dans l'oxide de calcium, et occasione *l'effervescence* que l'on remarque lorsqu'on met un fragment de calcaire dans cet acide. L'acide nitrique décompose l'oxide de calcium ou calcaire, s'empare de la chaux et met en liberté l'acide carbonique, qui n'ayant point d'affinité pour l'acide nitrique, se dégage vivement et forme le *phénomène de l'effervescence.*

L'acide carbonique qu'on ne connaissait qu'à l'état gazeux et à l'état fluide ou liquide, vient d'être obtenu à l'état solide. Cette étonnante découverte est due à M. Thilorier. L'acide carbonique a l'aspect de neige comprimée lorsqu'il est solidifié. Exposé à l'air, il fume et s'évaporise en moins d'un quart-d'heure. Il produit, appliqué sur la peau, une vive sensation de froid, et occasione une cautérisation; telle est l'intensité du froid qu'il produit, qu'un thermomètre entouré d'acide carbonique solide est descendu, en moins de deux minutes, à 90 degrés au-dessous de zéro.

10° Acide sulfurique.

L'Acide sulfurique, vulgairement *huile de vitriol,* est liquide, blanc, inodore, et doué de propriétés acides au plus haut degré.

Le nom d'huile de vitriol fut donné primitivement à l'acide sulfurique, parce que pour l'obtenir, on calcinait, dans une cornue, de la *couperose* ou sulfate de fer; et l'acide qui se rassemblait dans le récipient, étant très concentré, avait la consistance d'huile.

L'acide sulfurique se trouve fort rarement à l'état isolé dans la nature ; mais on le prépare dans des laboratoires où on l'obtient par la combustion du soufre, ou par la distillation du vitriol de fer.

NOMENCLATURE CHIMIQUE.

Avant de parler des substances formées par la réunion ou combinaison des éléments que nous venons d'indiquer, nous remarquerons que lorsqu'un corps est composé de deux ou de plusieurs substances, on lui donne dans la science un nom qui indique les principales parties constituantes qui le composent. On commence ordinairement par les acides; ceux qui entrent dans la composition des principales roches de la Normandie sont les acides silicique, carbonique et sulfurique, dont on énonce d'abord le nom, excepté qu'au lieu de dire : acide sulfurique, on dit : *sulfate* ; acide silicique : *silicate*; acide carbonique : *carbonate*. On énonce ensuite le nom de la *seconde* substance que nous verrons indiquée dans l'analyse, après les caractères, sans parler des autres qui s'y trouvent également. Dans l'usage on se contente de la connaissance de ces deux substances. Ainsi quand nous disons en parlant de l'Amphibole : *Silicate calcaire*, nous entendons une roche dont la *base* est la silice, *combinée* d'abord avec le calcaire, sans parler de l'alumine, de l'oxide de fer ou de chrôme, ni de la magnésie qui s'y trouvent également.

Dans l'impossibilité de nous servir des caractères de la cristallisation, caractères découverts et si savamment décrits par le célèbre Haüy, mais qui exigent la connaissance de la géométrie, nous remarquerons seulement les principaux caractères physiques et chimiques de chacune des substances que nous allons décrire, et qui ainsi que nous le verrons, sont la base des roches. Cette connaissance est d'autant plus importante qu'elle nous servira à déterminer les roches qui en sont formées.

—

CHAPITRE II.

Les combinaisons des éléments que nous venons d'étudier, forment les substances qui sont la base des roches que nous nous proposons de reconnaître. On en compte dix principales, ainsi que nous l'avons déjà indiqué :

1° Amphibole,	ordre des	Silicates calcaires.
2° Calcaire,	— —	Carbonates calcaires.
3° Diallage,	— —	Silicates magnésiens.
4° Dolomie,	— —	Carbonates magnésifères.
5° Feldspath,	— —	Silicates alumineux.
6° Gypse,	— —	Sulfates calcaires.
7° Mica,	— —	Silicates alumineux.
8° Pyroxène,	— —	Silicates calcaires.
9° Quartz,	— —	Silicates.
10° Talc,	— —	Silicates magnésiens.

1° Amphibole.

L'Amphibole est une des substances qui constituent des roches à elles seules. Il abonde dans les terrains primitifs, et il y forme des masses considérables ; par exemple, à Waberg en Suède. Il entre comme principe essentiel dans la composition de la plupart des roches, telles que la diorite, le trapp. On le trouve aussi comme accidentel dans le gneiss, le micaschistoïde, le porphyre, la dolomie.

Caractères.

Fusible au chalumeau en verre noir, en émail grisâtre ou blanc et bulleux.

Analyse.

Silice.	47	100 — Ordre des silicates calcaires.
Chaux.	8	
Alumine.	26	
Oxide de fer ou de chrôme. .	15	
Magnésie.	2	
Matière volatile.	2	

Parmi les variétés de l'Amphibole, nous remarquerons la trémolite, qui est en cristaux blancs ou verdâtres, composés de fibres déliées. C'est à cette variété qu'on rapporte l'*amiante* ou *asbeste*, ou *lin incombustible* au feu ordinaire, mais qui cède à l'action d'un feu très-violent. Les anciens unissant l'amiante à du fil de lin, en faisaient des tissus dans lesquels ils mettaient le corps des morts qu'ils brûlaient pour en recueillir les cendres.

2° Calcaire.

Le Calcaire, ou carbonate de chaux, ou oxide de calcium, est le résultat de la combinaison de l'acide carbonique avec les substances salifiables.

C'est l'une des substances le plus abondamment répandues dans la nature. On le distingue facilement de tous les autres minéraux, par la faculté qu'il a de se dissoudre avec *effervescence* dans les acides, et de se réduire en chaux vive par la calcination.

Les masses laminaires, limpides, cristallisées possèdent la double réfraction. Le *spath d'Islande*, possède cette propriété; le spath calcaire laminaire de notre pays ne l'a point.

Le Calcaire proprement dit ne se rencontre jamais à l'état de pureté dans la nature; son avidité pour les acides s'y oppose; mais il se trouve très-abondamment dans les êtres des trois règnes, combiné avec les acides et formant des pierres ou sels.

On l'obtient pur dans les laboratoires en calcinant du marbre blanc et conservant le produit dans des flacons bien bouchés.

Caractères.

Raie le Gypse, est rayé par le fluate de chaux ou par une pointe de fer; se *dissout avec effervescence* dans les acides, et est réduit en chaux vive par la calcination.

Analyse.

Acide carbonique.	44	100—Ordre des carbonates calcaires.
Chaux.	56	

3° Diallage.

La Diallage, l'une des espèces de la nombreuse famille des silicates, se rencontre dans la nature, sous la forme de petites masses lamellaires d'un vert foncé, plus ou moins disséminées dans certaines roches du sol primordial, telles que la serpentine, l'euphotide, l'eclogiste, etc., toutes étrangères à notre province.

Caractères.

Fondant lentement et *sur les bords seulement* en une scoric grisâtre; rayant à peine le verre, mais toujours la chaux carbonatée spathique.

Analyse de la Diallage verte.

Silice.	50	100—Ordre des silicates magnésiens.
Magnésie.	6	
Alumine.	21	
Chaux.	13	
Oxide de fer ou de chrôme. .	10	

Nous ne trouvons aucune roche ayant la Diallage pour base en Normandie.

4° Dolomie.

La Dolomie, ou calcaire magnésien, existe en grandes masses dans la nature, et forme des couches étendues dans les terrains primitifs et secondaires. Une partie des marbres lamellaires blancs peut y être rapportée.

La Dolomie porte encore les noms de calcaire magnésien, chaux carbonatée magnésifère, et de magnésie, chez les chimistes.

Caractères.

Ne fait que *peu d'effervescence* dans l'acide nitrique; couleur blanche, gris opaque, aspect vitreux nacré ou terne; raie le verre, donne une lueur phosphorescente par le choc du briquet.

Analyse.

Acide carbonique.	47	
Magnésie.	22	100—Ordre des carbonates magnésiens.
Chaux.	31	

Observation. Composée d'éléments dont les deux derniers font effervescence dans l'acide nitrique, la Dolomie n'en fait cependant presque point; quelle en est la cause?

L'argile smectique composée de chaux et de magnésie n'en fait presque pas non plus, ce qui est, dit le célèbre Haüy, le résultat de la combinaison intime de ces deux substances. Y a-t-il analogie ?

La *Pierre à huile*, ou dolomie compacte, dont on se sert pour repasser à l'huile la coutellerie fine, vient des environs de Smyrne.

5° Feldspath.

Le Feldspath est une substance très-répandue dans la nature, et caractérisée par un tissu lamellaire particulier, une dureté presque comparable à celle du quartz, et la propriété de se fondre en émail blanc. La couleur du Feldspath opaque ou translucide est grise, rouge, incarnate ou noire.

Le Feldspath entre dans la composition d'un très-grand nombre de roches qui appartiennent à presque toutes les époques de formation.

Caractères.

Fusible au chalumeau en émail blanc de porcelaine ; rayant le verre et étincelant sous le briquet.

Analyse.

Silice.	64	100 — Ordre des silicates alumineux.
Alumine.	20	
Potasse.	14	
Chaux.	2	

Le Kaolin, ou substance argiloïde, est un Feldspath décomposé.

Le mot Feldspath, dit Haüy, signifie pierre des champs, parce qu'on en trouvait très-fréquemment des fragments dans les terres. Il proposait de remplacer ce mot par celui d'Orthose, c'est-à-dire à divisions à angles droits.

6° Gypse.

Sous le nom de Gypse, on comprend les différentes espèces de chaux sulfatée qui se présentent en masses assez considérables dans la nature, pour être considérées comme roches essentielles.

Caractères.

Rayé par l'ongle, réductible en plâtre par la cuisson.

Analyse

Acide sulfurique.	46		
Chaux.	33	100	Ordre des sulfates calcaires
Eau.	21		

Le *Gypse grossier*, ou pierre à plâtre, contient du carbonate de chaux, et *fait effervescence* avec les acides.

Une des espèces de chaux sulfatée portait le nom de *sélénite*.

7° Mica.

Le Mica est une des substances minérales le plus

abondamment répandues dans la nature, mais se présentant plutôt sous la forme de variété, que sous celle d'espèce proprement dite.

Le Mica entre comme partie constituante dans la plupart des roches. Il fait partie essentielle du granite, du gneiss, et de beaucoup d'autres, ainsi que nous le verrons.

Caractères.

Éclat métalloïde, doré, argenté ou bronzé, divisible en lamelles ou paillettes très-minces et élastiques, qui se déchirent plutôt qu'elles ne se brisent, très-facile à rayer même avec l'ongle.

Analyse du Mica noir de Sibérie.

Silice.	42,5	100 — Ordre des silicates alumineux.
Alumine.	11,5	
Magnésie.	9	
Potasse.	10	
Peroxide de fer.	22	
Manganèse.	2	
Perte.	3	

Le Mica blanc est transparent. Il se trouve en feuilles minces, élastiques, ayant parfois plusieurs pieds de surface, et qu'on sépare facilement pour en faire des vitres. Cette variété porte le nom de *talc de Moscovie*, verre de Sibérie ; on s'en sert en guise de verre pour les croisées et les images.

Le Mica blanc et jaune est employé sous le nom de *poudre d'or, d'argent*.

8e PYROXÈNE.

Le Pyroxène, considéré seul, forme des masses assez considérables, pour prendre rang parmi les roches proprement dites; mais le plus souvent il est disséminé dans celles du sol primordial.

Caractères.

Aspect vitreux, ayant un éclat assez vif, mais inférieur à celui de l'amphibole; fusible, mais difficilement, au chalumeau; rayant à peine le verre.

Analyse du Pyroxène de l'Etna.

Silice.	52	100 — Ordre des silicates calcaires.
Chaux.	15,20	
Magnésie.	10	
Alumine.	5,55	
Oxide de fer.	14,66	
— de Manganèse. . .	2	
Perte.	4,81	

Cette substance n'est indiquée ici que pour ne point laisser de lacune dans les principes généraux; car elle n'entre dans la composition d'aucune des roches de la Normandie.

9° Quartz.

Cette substance est peut-être une des plus abondantes dans la nature : on en découvre partout, à l'intérieur et à la surface de la terre.

Lorsque cette substance est pure, elle constitue le *cristal de roche*, que l'on trouve souvent en beaux prismes incolores, à six pans, terminés par des pyramides à six faces.

Caractères.

Infusible au chalumeau, insoluble dans les acides, excepté l'acide fluorique, rayant toujours le verre, donnant des étincelles par le choc du briquet.

Analyse.

Silice.		99	100 — Ordre des silicates.
Alumine. . .	oxidés. . .	1	
Fer.			
Manganèse. .			

Ainsi que l'indique l'analyse, le Quartz est composé de silice presque pure, c'est-à-dire, de l'oxide de silicium.

10° Talc.

Confondu dans l'usage avec le mica, le Talc est une substance douce, grasse, onctueuse au toucher, tendre, se laissant facilement rayer par l'ongle, ou râcler avec un couteau.

Le Talc a fréquemment la structure laminaire; il est divisible en feuillets minces, flexibles, mais *non élastiques*, comme ceux du mica; c'est un des minéraux les plus tendres.

Caractères.

Lamelleux, schistoïde, compacte, terreux, pulvérulent, *onctueux au toucher*, translucide ou opaque, facile à gratter.

Analyse du Talc laminaire.

Silice	62	100 — Ordre des silicates magnésiens.
Magnésie	27	
Fer oxidé	3,5	
Alumine	1,5	
Eau	6	

Le Talc pulvérisé et réduit en pâte fine, fournit le *pastel*, entre dans la composition du *fard*, sert de *craie* aux tailleurs sous le nom de *craie de Briançon*; sa poussière sert pour adoucir le frottement des machines, et faciliter l'entrée des pieds dans les bottes, sous le nom de *poudre à bottier*.

Une des variétés du Talc, ou *Talc chlorite*, est un assemblage d'une infinité de petites lamelles vertes formant de petites masses, ou recouvrant simplement certaines roches ou espèces minérales, ou entrant dans leur composition par voie de mélange; cette substance est ordinairement verte.

Parmi les variétés du Talc on remarque:

Le Talc laminaire,

Le Talc lamellaire,

Le Talc écailleux.

CARACTÈRES MINÉRALOGIQUES.

Par caractères, on entend en minéralogie, soit des propriétés physiques, chimiques ou géométriques, soit des modifications de forme, d'aspect, même de couleur, qui servent à différencier les substances ou minéraux.

L'existence d'une propriété constitue un caractère *positif*; l'absence, un caractère *négatif*.

Parmi les principaux caractères que nous avons indiqués pour déterminer les substances minéralogiques, nous avons remarqué:

1° L'effervescence dans les acides;
2° L'étincelle produite par le choc du briquet;
3° La fusibilité au chalumeau;
4° La propriété de rayer le verre;
5° La facilité de se laisser rayer;
6° L'éclat métalloïde.

1° Font effervescence dans l'acide nitrique :

1° Le Calcaire ;
2° Le Gypse grossier, ou pierre à plâtre ;
3° La Dolomie, mais très-faiblement.

2° Étincellent par le briquet :

1° Le Feldspath ;
2° Le Quartz ;
3° La Dolomie ou plutôt phosphorescence par le frottement.

3° Fusibles au chalumeau :

1° Amphibole;
2° Feldspath ;
3° Diallage, mais difficilement ;
4° Pyroxène, très-difficilement.

4° Rayant le verre :

1° Feldspath;
2° Quartz ;
3° Diallage, à peine.
4° Dolomie, *id.*
5° Pyroxène, *id.*

5° Rayés facilement :

1° Calcaire ;
2° Gypse ;
3° Mica ;
4° Talc.

6° Éclat métalloïde :

Mica.

Observation. J'essaie dans le tableau suivant de donner l'analyse des caractères, au moyen desquels on peut reconnaître chacune des substances ci-dessus décrites ; mais comme quelques-uns de ces caractères conviennent en même temps à plusieurs substances, je me suis efforcé d'éliminer successivement les caractères communs pour arriver à un seul, qui isole une substance des autres. Ce caractère est alors spécifique. Pour y parvenir, j'ai renvoyé à des numéros suivants les deux substances réunies par un caractère commun ; ainsi la fusibilité n° 10, sert à différencier le Feldspath du Quartz, dont on ne pourrait le distinguer, si on ne considérait que les caractères d'étinceler par le briquet, de rayer le verre, puisque ces deux substances jouissent de ces deux propriétés.

Essai d'analyse

pour reconnaître les dix substances, bases des roches, d'après les caractères énoncés.

1°	1° Effervescence dans les acides.	2.
	Point.	3.
2°	Effervescence forte. . .	Calcaire.
	— faible. . .	Dolomie.
3°	2° Étincelant par le briquet.	4.
	Point.	5.
4°	Étincelles fortes. . . .	10 Feldspath, Quartz.
	— faibles ou phosphorescence. . .	Dolomie.
5°	3° Fusible au chalumeau. .	6.
	Infusible.	7.
6°	Facilement.	11 Feldspath, Amphibole.
	Difficilement.	12 Diallage, Pyroxène.
7°	4° Rayant le verre.	10 Feldspath, Quartz.
	— difficilem[t] ou rayés .	8.
8°	Rayant difficilement. . .	12 Diallage, Pyroxène.
	5° Rayés par le verre. . .	9.
9°	6° Éclat métalloïde. . . .	Mica.
	Point.	13 Talc, Calcaire, Gypse.
10°	Fusible.	Feldspath.
	Infusible.	Quartz.
11°	Étincelant par le briquet.	Feldspath.
	Point.	Amphibole.
12°	Aspect terreux ou métal[e].	Diallage.
	— vitreux.	Pyroxène.
13°	Doux, onct. au toucher. .	Talc.
	Rude ou moins onctueux.	14.
14°	Raie le gypse.	Calcaire.
	Est rayé par le calcaire. .	Gypse.

Tableau synoptique.

des caractères des dix substances ou bases.

1° Amphibole.

Fusible au chalumeau en verre noir, en émail grisâtre ou blanc et bulleux.

2° Calcaire.

Raie le gypse, est rayé par le fluate de chaux ou une pointe de fer, *se dissout avec effervescence* dans les acides, réductible en chaux.

3° Diallage.

Fond lentement et *sur les bords seulement* en une scorie grisâtre, raie à peine le verre, mais toujours la chaux carbonatée spathique.

4° Dolomie.

Ne fait que *peu d'effervescence* dans l'acide nitrique, raie le verre, étincelle par le choc du briquet, ou plutôt donne un *éclat phosphorescent.*

5° Feldspath.

Fusible en émail blanc de porcelaine, raie le verre, étincelle par le briquet.

6° Gypse.

Rayé par le calcaire ou avec l'ongle, réductible en plâtre par la cuisson. *Le Gypse grossier* ou pierre à plâtre fait effervescence dans les acides.

7° Mica.

Très-facile à rayer même avec l'ongle, *éclat métalloïde,* divisible en paillettes ou lames très-minces, *élastiques.*

8° PYROXÈNE.

Aspect vitreux, difficilement fusible, raie à peine le verre.

9° QUARTZ.

Infusible au chalumeau, raie le verre, étincelle par le choc du briquet.

10° TALC.

Doux, *onctueux* au toucher, facile à gratter; lorsqu'il est divisible en lamelles ou paillettes, ces lamelles ne *sont point élastiques* comme celles du Mica, dont il n'a point l'éclat métalloïde.

—

CHAPITRE III.

2° MINÉRALOGIE.

ROCHES.

Par *Roches* ou *Pierres* on entend des substances résultant de la combinaison des terres entre elles et renfermant quelquefois, comme principes accessoires, des acides, des combustibles et des métaux.

Ou encore : matériaux solides qui entrent essentiellement dans la structure du globe ; qui se voient en grandes masses et qui forment des bancs puissants, des couches continues.

Quelque superficielles que soient les notions que nous avons étudiées sur les *éléments* constitutifs des *substances* qui forment la base des Roches, elles nous suffiront cependant à la rigueur pour arriver à la détermination et classification des Roches qui se trouvent dans notre pays et nous donner la marche pour l'étude des autres.

Nous avons vu, en effet, que les différentes combinaisons des divers *éléments* ou *corps simples*, produisent d'abord des *substances composées*, dont la présence dans les Roches qui en sont formées, se révèle par les caractères propres à ces mêmes substances : ainsi, par exemple, *l'effervescence* dans l'acide nitrique nous prouve la présence du calcaire dans la pierre à laquelle on donne ce nom ; cette pierre est donc un *carbonate* de chaux, c'est-à-dire un composé de calcium et d'acide carbonique qui en sont la base ; de même *l'étincelle* produite par le choc du briquet nous indique que la pierre que nous frappons, contient du quartz, ou du feldspath, ainsi que la fusibilité au chalumeau nous prouve que cette roche contient du feldspath seulement.

Nous voyons dans l'analyse générale les moyens de reconnaître chacune des substances constitutives, au moins en grand, dans les Roches. L'usage, l'habitude d'observer nous familiariseront d'ailleurs avec la détermination des Roches.

L'étude des *éléments* ou substances que nous pouvons appeler *premières*, et de leurs combinaisons et proportions dans les substances qui en sont formées ou *substances secondaires*, a dû précéder l'étude des Roches ou *substances tertiaires*, comme la connaissance des éléments primitifs devait avoir la priorité sur les dix substances que nous avons étudiées par ordre alphabétique ; après cette étude préliminaire indispensable, nous allons étudier les Roches principales qui portent le nom de la substance qui y domine.

On peut partager les Roches en onze coupes principales, ainsi que l'indique le tableau suivant.

Elles y sont rangées par ordre alphabétique pour suivre l'ordre des substances dont elles tirent leur nom, ordre que nous changerons plus tard pour les ranger méthodiquement d'après leurs rapports.

Classification des Roches

PAR ORDRE ALPHABÉTIQUE (*voyez* p. 17).

1° Roches amphiboliques........	Diorite. Trapp.
2° Roches argileuses ou alumineuses........................	Argiles.
et Argiloïdes........................	Schistes. Kaolin. Phyllades.
3° Roches calcarifères...........	Calcaire. Gypse.

4° Roches carbonifères..........	Anthracite. Houille. Lignite. Tourbe.
5° Roches feldspathiques........	Granite. Gneiss. Pegmatite. Petunzé. Kaolin. Syénite. Eurite. Porphyre. Pétrosilex.
	Diorite. Trapp. *Voyez* Roches amphiboliq[s].
6° Roches ferrifères............	Grès rouge. Schiste ferrugineux.
7° Roches micacées............	Grès micacé. Micaschistes.
8° Roches pyroxéniques.........	Pouzzolane, etc.
9° Roches quartzifères..........	Quartz. Sables. Grès. Arkose. Grauwacke. Sables.
10° Roches talqueuses...........	Stéaschistes *ou* Schistes talqueux.
11° Roches d'agrégation.........	Grès. Sables. Poudingues. Brèches. Tuf. Travertin.

1° Roches amphiboliques.

Pour suivre l'ordre alphabétique que nous avons adopté pour l'étude des substances bases des roches, nous devrions commencer par les roches amphiboliques ; mais d'après l'ordre méthodique, ces roches se rapprochent des roches feldspathiques à la suite desquelles nous les rangerons plus tard.

2° Roches argileuses ou alumineuses.

L'Argile, base des roches argileuses, est composée d'alumine, de silice et d'eau, et de différentes substances dans des proportions très-variées.

Les roches argileuses ont donc pour base l'alumine dont nous avons vu les propriétés (page 16). Cette substance n'a point été mise par les auteurs au nombre des substances bases des roches; cependant nous retrouvons dans les véritables argiles toutes les propriétés caractéristiques de l'alumine.

Probablement qu'en raison des nombreuses modifications des différentes sortes d'argile, on n'a pu leur assigner une substance principale pour base ainsi qu'aux autres roches.

L'argile proprement dite est une substance terreuse d'un aspect homogène, *douce* au tact, tendre, *happant* à la langue, susceptible de se laisser polir par le frottement avec l'ongle ; elle se délite dans l'eau et forme une pâte qui se durcit au feu ; l'argile ne *fait point effervescence* avec les acides.

Le caractère négatif, *ne fait point effervescence* dans les acides, empêche de confondre l'*argile proprement dite* avec les *marnes*.

Les modifications de ces caractères et l'addition de nouvelles substances produisent les différentes roches argileuses ou argiloïdes, et leur ont fait assigner divers noms.

Ces roches peuvent donc se partager en roches argileuses proprement dites et en roches argiloïdes.

§ Ier.

ROCHES ARGILEUSES.

Les roches argileuses sont d'une nature molle qui se rapproche plutôt de celle de la terre que de celle des pierres.

Observation.

Je ne chercherai point à donner une description de chacune des espèces de roches que nous trouvons dans notre province. Les roches éprouvent trop de modifications en raison des diverses substances qui les composent, des variétés qu'on y observe, et de leur plus ou moins de pureté pour pouvoir être décrites exactement; d'ailleurs l'habitude de l'observation mettra bientôt un élève en état de reconnaître les espèces et même les variétés.

Parmi les roches argileuses nous remarquerons comme se trouvant en Normandie :

1° L'Argile commune ;
2° L'Argile glaise proprement dite ;
3° L'Argile figuline ou terre à potier ;
4° L'Argile à foulon et la variété smectique ;
5° L'Argile plastique ;
6° L'Argile kaolin.

1° *Argile commune.*

Tout le monde connaît l'Argile commune et les nombreux usages auxquels elle est employée. Elle est ordinairement de couleur jaune, parfois gris-bleuâtre ou verdâtre.

2° *Argile glaise.*

Par Argile glaise on entend une espèce plus douce, plus liante, plus grasse que l'espèce précédente. Elle contient beaucoup de silice que le fer colore diversement.

On nomme encore cette argile *terre à potier*, quoique toutes les espèces de glaise n'y soient pas propres.

La Glaise se trouve en couches parfois énormes,

puisqu'il en est de plus de cent pieds d'épaisseur sur plusieurs lieues carrées d'étendue, et qui sont absolument exemptes de corps étrangers ; ces couches, ainsi que celles de l'argile ordinaire, s'opposant en certains lieux à l'infiltration des eaux, les retiennent et déterminent l'apparition des sources.

3° *Argile figuline, Terre à potier.*

Tout le monde connaît la poterie de grès. Cette poterie se fait avec une espèce d'argile que l'on nomme Figuline ou *Terre à potier*. Les modifications ou variétés de cette espèce donnent les différentes sortes de poterie et de brique ; on en trouve au Tronquay, à Noron, à Lison, à Manerbe, etc., etc.

On sait quelle est la couleur de la brique. Toutes les poteries et faïences seraient à peu-près de la même couleur si on ne les recouvrait d'un vernis, ou *couverte*. C'est en général une substance vitreuse que l'on broie très-finement, et que l'on délaie dans de l'eau, dans laquelle on plonge ensuite les poteries. On emploie la plupart du temps le sulfure de plomb, vulgairement *Alquifoux*. Cette substance appliquée sur la surface de la poterie, se décompose et fond pendant la cuisson. Elle produit la couleur jaunâtre des faïences grossières ; des oxides soit de manganèse, soit de cuivre que l'on ajoute, marbrent la surface en vert ou en violet. L'émail blanc des assiettes s'obtient par l'emploi de l'oxide d'étain. On décore ensuite ces objets avec des peintures faites au pinceau ou avec des gravures décalquées ; on les colore avec différents émaux. Une seconde cuisson les fixe définitivement. Des espèces d'argiles peuvent soutenir le feu le plus violent sans se déformer ; elles contractent par la cuisson une demi-vitrification. Il suffit de jeter dans le four du sel qui en se volatilisant se perd sur la poterie et y produit la couleur verte par places irrégulières.

4c *Argile à foulon.*

L'Argile à foulon sert à dégraisser les draps ; l'argile se combine avec la graisse qu'ils contiennent, et en lavant ensuite les draps, on enlève l'argile et la graisse, qui ayant plus d'affinité pour l'argile, abandonne l'étoffe. Cette Argile se trouve en divers lieux, tels qu'à Orglandes (département de la Manche), à Courtonne, au Pré-d'Auge, etc.

Il existe une variété de cette Argile connue sous le nom d'argile smectique (voyez *Dolomie*, page 21).

5o *Argile plastique.*

L'Argile plastique est surtout employée dans la fabrique de la faïence. Cette argile qui surmonte l'oolithe inférieure se trouve en couches d'une épaisseur considérable aux environs d'Evrecy, de la forêt de Cinglais, à Courtonne, à la Boissière, etc.

L'Argile plastique noire du Plessis-Grimoult diffère de l'Argile plastique ordinaire.

Ces deux espèces sont employées dans la fabrique de faïence de Lisieux; on en trouve aux environs de cette ville.

Toutes ces différentes argiles offrent beaucoup de variétés de couleurs et de qualités que l'expérience fait reconnaître.

6° *Argile kaolin.*

Base de la porcelaine, cette Argile se trouve dans la commune des Pieux, arrondissement de Cherbourg; nous en reparlerons à l'article PEGMATITE.

Les argiles ou marnes argileuses proprement dites conviennent comme engrais dans les terrains sabloneux.

Nous remarquerons encore:

L'Argile de Port. . . L'Argile de Dives ou Oxford-Clay. . . L'Argile d'Honfleur.	Dénomination inexacte car elles contiennent beaucoup de calcaire comme l'indique l'action de l'acide qui occasione une vive effervescence, phénomène qui n'a pas lieu dans la véritable argile.

§ II.

ROCHES ARGILOIDES.

Sous le nom de Roches argiloïdes, on comprend des roches qui ont beaucoup de rapport avec les roches argileuses, mais qui le plus ordinairement sont des pierres.

Parmi les Roches argiloïdes nous remarquerons :

1° L'Argile calcarifère ou Marne;

2° Les Schistes ou Ardoises;

3° Les Phyllades ou schistes phylladiformes.

1° *Marnes*.

Les Marnes se distinguent des argiles proprement dites par une *plus ou moins vive effervescence* dans les acides. Le résidu considérable qui reste au fond de la dissolution les différencie du calcaire. En général, on regarde les marnes moins comme des espèces que comme des variétés de l'argile et du calcaire; de-là les dénominations *d'argile marneuse*, *d'argile calcarifère*, de *marne calcaire*. Les marnes sont un mélange naturel, et dans des proportions très-variables, de particules calcaires, argileuses et sabloneuses, d'une ténuité telle que leur réunion présente à la fois une substance homogène, dont les caractères minéralogiques principaux sont d'être très-peu dure, souvent même tendre et friable ; d'avoir l'aspect terreux et pulvérulent; de se délayer plus ou moins facilement dans l'eau, en ne faisant toutefois avec elle qu'une *pâte courte* qui, soumise à l'action du feu, acquiert peu de dureté et se fond facilement.

L'effervescence des marnes est due à la présence du calcaire (page 19).

Les marnes de couleur jaunâtre se nomment plus ordinairement *Argiles calcarifères ;* le nom de marnes est plus exclusivement donné à celles qui ont la couleur bleuâtre.

On donne souvent le nom de *Marne feuilletée* au calcaire marneux qui se *délite* en feuillets ou lames semblables à celles des schistes.

Parmi les marnes nous remarquerons :

1° l'Argile calcarifère ou Marne jaunâtre;
2° La Marne calcaire bleuâtre;
3° La Marne rouge;
4° La Marne crayeuse.

1° et 2° Marnes jaunâtres et bleuâtres.

Les deux premières espèces sont trop connues pour en faire la description. Nous remarquerons seulement qu'elles conviennent comme engrais dans les terres argileuses.

3° La Marne rouge.

La Marne rouge fait une légère effervescence dans l'acide nitrique ; cette espèce passe du rouge au brun, au jaune, au bleu, alternant avec des couches d'argile grise et schisteuse.

Se trouve à Cartigny.—La Folie.—Le Molay, etc.

4° La Marne crayeuse.

Une autre espèce de marne qui se nomme Marne crayeuse, renferme beaucoup d'argile et peu de silice ; elle est d'un blanc jaunâtre, lorsqu'il n'y a point de chlorite (page 27).

Cette marne est abondante à Lisieux et à Pont-l'Évêque.

2° *Schistes.*

Les Schistes sont des roches d'une *structure feuilletée, fissile,* ne *faisant point pâte* avec l'eau, formées d'un mélange terreux, *endurci, pierreux,* dont les principes dominants sont la silice, l'alumine à l'état d'hydrate et l'oxide de fer. Parfois on y trouve de la chaux, de la magnésie et du bitume. Ce mélange terreux, dont l'aspect est toujours terne, ne se *délaie* point dans l'eau ; il fond au chalumeau et donne des verres colorés ; les teintes sont variables et ordinairement sales, de couleur grise, blanchâtre, verdâtre et bleuâtre. Ces roches sont d'apparence homogène.

Le caractère négatif, ne *font point pâte* avec l'eau, empêche de confondre les schistes avec la *marne feuilletée*, qui d'ailleurs n'a point la dureté du schiste.

Les schistes passent à la grauwacke ou grès intermédiaire très-voisin du grès quartzeux.

Parmi les nombreuses variétés des schistes, nous remarquerons :

1° Le Schiste alumineux ;
2° Le Schiste argileux ;
3° Le Schiste micacé, ou Micaschiste ;
4° Le Schiste talqueux ou Stéaschiste ;
5° Le Schiste ferrugineux ou phyllade Pyriteux ;
6° Le Schiste grossier ;
7° Le Schiste tégulaire ou Ardoise ;
8° Le Schiste houiller ;
9° Le Schiste siliceux ou noduleux, ou Stéaschiste noduleux ;
10° Le Schiste coticule.

1° Schiste alumineux.

Ce schiste porte encore le nom d'*ampélite*, *schiste graphique*, *pierre noire*, *pierre des charpentiers*. Cette espèce contient du charbon ; elle se trouve à St-Pierre-du-But près de Falaise, à Bricquebec (Manche); elle sert aux menuisiers, maçons, etc., pour tracer leurs ouvrages.

2° Schiste argileux.

Cette espèce, très-commune, est opaque, tendre, à cassure lamelleuse.

3° Schiste micacé (voyez *Micaschiste*).

4° Schiste talqueux (voyez *Stéaschiste*).

5° Schiste ferrugineux (voyez *Phyllade pyriteux*).

Cette espèce, qui est remarquable par sa pesanteur, contient beaucoup de fer oligiste; elle se trouve aux environs de Cherbourg.

6° Schiste grossier.

Le Schiste grossier ou commun fait le passage du schiste argileux au schiste tégulaire; on le nomme encore grosse ardoise. On s'en sert pour les constructions. La couleur de rouille qu'on y remarque souvent, est due à l'oxide de fer.

7° Schiste tégulaire ou Ardoise.

Tout le monde connaît l'ardoise dont on se sert pour couvrir les maisons. Le bon Schiste donne l'ardoise fine.

On sait qu'au sortir de la carrière, le bloc se sépare par feuillets ou lamelles, ou *Ardoises*.

Les fameuses carrières d'Angers fournissent une ardoise très-fine et d'un beau bleu.

Nous avons en Normandie plusieurs carrières d'ardoises que l'on exploite pour couvrir les maisons. L'ardoise la plus pure se nomme *ardoise fine*.

La meilleure ardoise est celle qui absorbe le moins d'eau.

8° Schiste houiller.

Cette espèce se trouve aux environs des Mines de Littry; on l'extrait de l'intérieur même de la mine.

Une variété qui passe au schiste siliceux est connue des ouvriers sous le nom de *Clou*.

9° Schiste siliceux ou noduleux.

Mélange de Schiste et de silice; cette espèce étincelle sous le choc du briquet. Elle se trouve aux environs de Cherbourg et dans l'intérieur de la mine de houille de Littry.

10° Schiste coticule.

Le Schiste coticule (de *cos*, pierre à aiguiser) donne *la pierre à rasoir* formée de deux couches superposées, l'une jaune, l'autre noirâtre. Nous ne trouvons point en Normandie le véritable Schiste coticule. Des espèces de schistes argileux s'en rapprochent beaucoup.

Observation. On trouve souvent dans les schistes ainsi que dans d'autres roches, des globules ou parcelles métalliques d'un jaune plus ou moins prononcé et que l'on prend, mais à tort, pour du *minerai d'or* ; ce sont des *Pyrites*.

Nous remarquerons les Pyrites jaunes ou *fer sulfuré* et les Pyrites cuivreuses, d'un jaune plus vif.

Les Pyrites jaunes, ou *sulfure de fer* ; contiennent du fer uni au soufre ordinairement dans la proportion de 0,53 de fer, et de 0,47 de soufre. La couleur de ces pyrites est d'un *jaune de laiton*. Elles *étincellent sous le briquet* et, exposées au feu, se changent en *scories* noirâtres.

Les Pyrites cuivreuses ou *sulfure de cuivre*, sont formées de 0,79 de cuivre et de 0,19 de soufre, et de 0,2 de fer.

Elles se distinguent des précédentes par un éclat métallique *beaucoup* plus vif ; elles sont d'ailleurs moins dures et *n'étincellent point* sous le choc du briquet. Elles ont la propriété, ainsi que toutes les mines de cuivre, de colorer l'ammoniaque en bleu.

On appelait autrefois les Pyrites de sulfure de

fer *pierres d'arquebuse,* parce qu'avant de se servir des pierres à fusil en silex ou pierres à feu, on se servait de ces Pyrites pour les anciennes arquebuses.

3° *Phillades.*

Roches schisteuses d'apparence homogène, à structure *fissile*, à cassure *transversale mate* et terreuse, provenant d'un mélange de parties minérales qui n'a pas encore été déterminé ni même rapporté à un principe dominant. Elles sont souvent colorées en noir, et passent au schiste graphique ou ampélite.

Les Phyllades, ainsi que les schistes proprement dits, se divisent souvent en feuillets minces, et renferment quelquefois des débris de corps organisés. Les Trilobites, par exemple, appartiennent presqu'exclusivement à ces roches.

Les Phyllades font la transition des schistes vrais au grès intermédiaire ou grauwacke.

On rapporte ordinairement les Phyllades à deux formations ou périodes.

Ceux de la période intermédiaire sont souvent colorées en noir par l'anthracite ; ce sont les véritables Phyllades.

Ceux de la période primitive sont de véritables

schistes micacés ou talqueux, devenus phylladiformes par l'atténuation de leurs parties. Le principe colorant en noir est le *carbure de fer* et non l'anthracite.

Observons ici en passant, que la *Plombagine,* vulgairement *graphite* (*mine de plomb*) et improprement appelée *carbure de fer,* est une substance d'un gris noirâtre, joint au brillant métallique; cette substance est douce au toucher, onctueuse; elle se rencontre le plus souvent en masses lamelliformes dans les terrains primitifs en Angleterre. On s'en sert pour faire *des crayons*. Réduite en poussière, la plombagine garantit les ouvrages de fer de la rouille, et sert, mêlée avec de la graisse, à adoucir le frottement des machines.

Le nom de *mine de plomb* qu'on lui donne vulgairement, est donc très impropre, puisque cette substance ne contient pas un atome de plomb. La composition de la plombagine est une variété de carbone altéré, plus un mélange de terre contenant du fer. On la fait bouillir dans l'huile et on la scie en tablettes pour faire des crayons.

En parlant de plomb, nous remarquerons qu'il en existait autrefois une mine qu'on exploitait à Surtainville, département de la Manche.

Parmi les Phyllades intermédiaires, nous remarquerons le Phyllade arénifère qui offre une apparence de grès sur sa tranche et fournit la *pierre à l'eau.*

Parmi les Phyllades ou schistes phylladiformes de la période primitive, nous remarquerons la *pierre à aiguiser les faulx.*

Espèces.

1° Phyllade maclifère (1);
2° Phyllade pyriteux.

3° ROCHES CALCARIFÈRES.

Par Roches calcarifères, on entend des roches qui sont essentiellement composées de calcaire ou carbonate de chaux (page 38), soit à l'état de cristallisation, soit à l'état de sédiment, et qui produisent la chaux.

Toutes les pierres calcaires font nécessairement plus ou moins d'effervescence dans les acides (page 28); parfois elles contiennent assez de silice pour étinceler sous le choc du briquet.

(1) Par *Mâcles* on entend une substance pierreuse assez dure pour rayer le verre, infusible, formée de silice 0,35, alumine 0,56 et potasse 0,9 = 100 et de couleur noire. Les Mâcles ne sont pas répandues uniformément sur toute la masse, mais elles sont placées au centre par cristaux d'une manière symétrique. Ces matières sont de la même nature que les roches, au milieu de laquelle les Mâcles ont cristallisé ; elles sont composées en grande partie de paillettes de mica très divisées.

La *chaux cristallisée* forme les cristaux que l'on trouve dans les pierres à chaux, dans les ammonites dont le test est changé en *spath calcaire* blanc, et l'intérieur rempli de cristaux. On trouve aussi le *spath calcaire laminaire blanc* en masses assez fortes. — Aïrel (Manche).

Les Roches calcarifères peuvent se partager en six divisions principales :

1° Les Marnes calcarifères ;
2° La Craie ;
3° Le Gypse grossier ou Pierre à plâtre ;
4° Le Calcaire proprement dit ;
5° Le Lias ;
6° Le Marbre.

1° *Marnes calcarifères.*

Nous avons vu (page 45) en quoi les marnes diffèrent des argiles proprement dites ; étant considérées comme des variétés des argiles et des calcaires, on peut les rapporter à l'une ou l'autre de ces roches. Leur fusibilité empêche de les confondre avec le calcaire marbre ou la pierre à plâtre.

2° *La Craie.*

Également carbonate de chaux, la Craie est un substance opaque, *friable* dans son état de séch resse. Elle happe à la langue, et, préparée en pains après le lavage, elle fournit le *blanc d'Espagne* ou *pains de craie.*

La Craie se présente en immenses dépôts formant le sol de provinces entières.

La formation de la Craie est parfaitement distincte de la formation du calcaire grossier qui s'en rapproche.

La Craie ne se trouve dans notre département que dans les arrondissements de Lisieux, d'Honfleur.

Elle fournit des pierres de taille trop tendres et qui se délitent à la gelée ; on en fait de mauvaise chaux, mais les marnes de la Craie sont très-utiles.

Nous trouvons en Normandie :

1° La Craie chloritée ou mieux Glauconie crayeuse (Green-sand) — A Dozulé, etc. (1) ;

2° La Craie blanche du Plessis-Grimoult ;

3° La Craie marneuse.

3° *Gypse grossier ou Pierre à plâtre.*

Il ne faut pas confondre l'albâtre calcaire ou Gypse grossier, avec le véritable albâtre gypseux, remarquable par son éclatante blancheur, la finesse de

(1) Voyez Brogniard, page 120, qui improuve le nom de Craie chloritée. (Cassification des roches. — 1827.)

son grain, sa translucidité, qualités qui le rendent propre à faire des ouvrages d'ornement.

L'albâtre gypseux est de la *chaux sulfatée*, c'est-à-dire, de l'acide sulfurique joint au calcaire ou *sulfate de chaux*, et alors *point* d'effervescence.

Cet albâtre est plus ou moins cristallisé visiblement, sa structure est quelquefois lamelleuse ; sa variété niviforme est formée d'une réunion de paillettes ou lamelles d'un blanc de neige ou nacré.

L'albâtre calcaire ou pierre à plâtre est une chaux carbonatée concrétionée, et conséquemment fait effervescence dans les acides. Cette roche est le plus souvent de couleur jaunâtre, tirant sur le rouge et veinée de blanchâtre ; on n'en trouve point en Normandie.

Cette pierre a l'apparence du carbonate de chaux : la cuisson lui ayant enlevé l'eau qu'elle contenait, elle devient plâtre. Le plâtre se réduit en poudre, mais conserve toujours son avidité pour l'eau, ce qui explique la rapidité avec laquelle le plâtre absorbe l'eau et se durcit ensuite.

Le plâtre, préparé avec de la colle dans laquelle on mêle des couleurs, forme une matière dure qui prend un beau poli, et imite le marbre. On l'emploie dans les bâtiments sous le nom de *Stuc*.

Le sulfate de chaux pur, cristallin ou *pierre*

à Jésus, fournit le plâtre le plus pur et le plus fin, mais il est aussi le moins solide. C'est celui qu'on emploie pour faire les statues de vierges, etc.

On donne encore le nom de *Pierre à Jésus* au gypse laminaire et au mica, qui réduits en feuillets ou lames minces et transparentes, servaient, au lieu de verre, à encadrer les images des saints.

4° *Calcaire proprement dit.*

On connait les pierres calcaires que l'on subdivise en pierres à bâtir et en pierres à chaux, car nous remarquerons que toute pierre à chaux est calcaire, mais que toute pierre calcaire n'est point propre à faire de la chaux.

Le Calcaire propre à bâtir se nomme vulgairement pierre de taille, *Carreau* et il en existe plusieurs espèces et variétés. Parmi les calcaires de cette espèce, on remarque le calcaire de Caen, de la Maladrerie, d'Allemagne, de Ranville, d'Aubigny près de Falaise, de Neuilly-la-Forêt, de Fontenay près de Tilly-sur-Seulle, d'Orival, près de Creully.

Les calcaires de la Maladrerie, de Caen, d'Allemagne sont surtout très-renommés ; on en exporte à Rouen, au Havre, etc. La célèbre abbaye de Wesminster en Angleterre, bâtie dans le 13e siècle, est construite avec du calcaire de ces principales localités; mais on ne mit pas dans le choix des espèces tout le soin qu'on eût dû y apporter, car les murs de cette abbaye sont extrêmement dégradés à l'extérieur, tandis que les édifices construits à Caen et à Bayeux avec des pierres extraites de ces mêmes carrières, se sont très bien conservés, quoique plus anciennement élevés.

On sait que le calcaire est dans les carrières par *bancs* ou *lits* qui sont de différentes qualités, et portent les noms de *banc bleu, banc gris, banc du roc, banc de fer*, etc., suivant la couleur et les modifications qu'on y remarque. Dans les constructions on doit avoir soin de placer les morceaux de pierre dans le sens de leur lit ou couche, autrement elles se fendraient et se sépareraient : c'est ce qu'on appelle se *déliter*.

Le Calcaire ordinaire ou pierre à chaux, se trouve dans plusieurs localités.

Pour obtenir *la Chaux,* on chauffe la pierre dans des fours, soit avec du bois, soit avec du charbon, afin de la dépouiller de l'acide carbonique. Le calcaire le plus dense fournit en général la meilleure chaux.

On distingue la *chaux grasse* qui exige beaucoup d'eau pour l'éteindre et la dissoudre, et l'allier avec le sable pour faire du mortier; la *chaux maigre* et la *chaux hydraulique* supérieure en qualité, qui n'exige que peu d'eau. Elle sert dans les constructions hydrauliques. C'est de cette chaux mélangée de pouzzolane dont se servaient les Romains dans leurs constructions. Ils en faisaient le ciment ou mortier que nous admirons encore.

Ces différentes espèces de calcaires fournissent aussi des pierres à bâtir les murailles, et qui, ainsi que d'autres, portent le nom de *moëllon*.

Plusieurs espèces de calcaires portent le nom des fossiles dont ils conservent les débris; nous remarquerons surtout les *oolithes* (oon œuf, et lithos pierre). Par ce nom on entend des *globules* agglutinés de calcaire par un ciment de même nature, et dont le volume varie depuis la grosseur d'un grain de milet jusqu'à celle d'un pois et au-dessus. La cause de cette formation est inconnue. La couleur de ces oolithes varie et donne le nom au calcaire qui les renferme.

Parmi les Calcaires proprement dits nous remarquerons :

1° Le calcaire argileux ou schisteux de Notre-Dame-de-Laize, qui fait la transition des schistes aux calcaires;

2° Le calcaire noir fétide, à grapthólites et à orthocératites de Feuguerolles-sur-Orne, qui répand une odeur fétide quand on le frotte ou qu'on le frappe;

3° Le calcaire magnésien, qui fait peu d'efferves-cence (page42). On ne le trouve qu'accidentellement;

4° Le calcaire à baculites. — A Valognes ; ainsi nommé de l'espèce de fossiles qu'on y trouve ;

5° Le calcaire grande oolithe. — Caen, Port-en-Bessin, Ranville, Eraines, etc.;

6° Le calcaire à oolithes blanches. — Hérouvil-lette, etc.;)

7° Le calcaire à oolithes ferrugineuses. — (Port, St-Vigor, etc.;

8° Le calcaire à oolithes inférieures.—Port, May, Tournay, etc (1);

9° Le calcaire à polypier, ou *Coral-rag*. Ce nom vient des débris de polypiers fossiles qui s'y trou-vent. — Caen, etc.;

10° Le calcaire ou calcaire commun, pierre à chaux;

11° Le calcaire de Valognes.

5° *Le Lias*.

Le Lias, espèce particulière de calcaire, ordinai-rement de couleur bleue et qui fournit d'excellente chaux, consiste en un dépôt sédimenteux assez con-sidérable de couches alternativement calcaires et

(1) Les Calcaires à oolitres portent encore le nom de *cal-caire jurassique*.

argilo-marneuses, de couleur gris, bleu, noirâtre ou jaunâtre dont l'épaisseur varie de 3 à 18 pouces. Cette espèce de calcaire se trouve à la partie inférieure du calcaire jurassique.

Ce dépôt peut se diviser en deux couches principales ; l'une supérieure remplie de bélemnites (1), et l'autre inférieure, remplie de gryphées arquées.

Dans la partie supérieure, se trouve un banc de roc, qui contient du calcaire dans lequel il y a parfois trop de silice pour être avantageusement employé à la fabrication de la chaux.

Au-dessous des couches du Lias à Agy, à Osmanville, se trouve le calcaire de Valognes employé aux constructions de Vay, de l'église de Monfréville.

Les couches compactes à cassure conchoïde, que l'on trouve dans les couches du lias, contiennent de la castine.

A Osmanville, une seule couche d'argile sépare le lias du calcaire de Valognes.

Parmi les lias nous remarquerons :

1° Le lias de Fontenay près de Tilly ;

2° Le lias d'Osmanville près d'Isigny ;

3° Le lias d'Agy près de Bayeux ;

4° Le lias de Longeau ; on y trouve parfois une

(1) Les ouvriers nomment les Bélemnites *des Épinoches*.

variété de calcaire lithographique et une espèce de pierre à chaux d'un grain très-fin, que l'on retrouve aussi dans plusieurs autres carrières, telles que celle de Blay, etc.; les ouvriers la nomment *Castine;* c'est la meilleure espèce de pierre à chaux.

4° Le lias de Vieux-Pont, sur la route de Caen à Bayeux; cette espèce donne une excellente chaux hydraulique.

Observation. D'après la tradition, les pavés bleus du chœur de la Cathédralede Bayeux ont été extraits d'une carrière nommée *la Roqueline,* jadis exploitée à Monceaux, commune voisine de Bayeux.

6° *Le Marbre.*

Modification du calcaire proprement dit, le Marbre, substance dense, serrée, compacte, est, vu sa dureté, *susceptible de recevoir un beau poli.*

Cette simple définition suffit pour différencier assez le marbre des autres calcaires. Le Marbre fait nécessairement effervescence dans les acides, étant un carbonate de chaux. De plus, on sait qu'il renferme ordinairement des fossiles et des modifications de substances constitutives qui forment les veines ou accidents de couleur. Il y a cependant des marbres entièrement unicolores.

Les marbres, composés de débris de coquillages

dont ils sont entièrement formés, portent le nom de *Lumachelles*.

Nous ne parlerons point des marbres antiques, tels que ceux de Paros, de Cararre, connus des anciens et si estimés des sculpteurs.

Les anciens donnaient le nom de marbres à toutes les pierres dures, telles qu'au granite, au porphyre, etc.

Les marbres donnent la plus belle et la meilleure chaux.

Parmi les marbres qui se trouvent seulement en masses subordonnées en Normandie, nous remarquerons :

1° Le Marbre de Vieux, ordinairement rouge; l'autel de la Sorbonne à Paris, est construit avec ce marbre;

2° Le marbre schisteux de Notre-Dame-de-Laize;

3° Les marbres de l'arrondissement de Coutances; il en existe plusieurs belles variétés susceptibles d'un beau poli;

4° Ceux de Clécy, de Pierrefitte, de Bretteville-sur-Laize, Bully. Tous ces marbres affectent différentes couleurs.

4° Roches carbonifères.

Par Roches carbonifères on entend des roches contenant des matières combustibles, telles que le bitume ; on les connaît en général sous le nom de *Charbon de terre*.

Ces roches se partagent en quatre grandes séries :

1° La Houille ;
2° L'Anthracite ;
3° Le Lignite ;
4° La Tourbe.

1° *Houille.*

La Houille, ou plus exactement charbon de terre, est une substance noire, combustible, qui par sa composition, sa couleur noire et son opacité se rapproche plus ou moins du charbon ordinaire.

Composition : Carbone avec 30 ou 40 p. 100 de *bitume* et quatre ou cinq parties de substances terreuses mélangées.

La Houille est *très-inflammable* ; elle brûle avec une flamme et une fumée noire, ayant une odeur *bitumineuse* en se *boursoufflant* et donnant pour résidu un charbon léger nommé *coke*.

On obtient le coke en faisant brûler la houille comme on fait brûler le bois dont on veut faire le charbon. Pendant cette opération le bitume que contient la houille s'écoule et la houille donne alors un feu *sans odeur et sans fumée*. Le charbon de terre qui a fourni le gaz dont on se sert pour l'éclairage, donne un coke d'une bonne qualité.

En général, on regarde la Houille comme devant son origine à des végétaux de différents ordres, surtout de ceux des cryptogames, modifiés par quelques agents qui nous sont inconnus, alliés probablement à quelques principes du règne animal, successivement déposés dans le sein des mers, et alternant avec des couches de schistes et de grès, dont les éléments appartiennent à des roches granitoïdes préexistantes.

La Houille se trouve à de grandes profondeurs; celle des mines de Littry se trouve à 400 pieds.

On distingue trois variétés principales de la Houille :

1° Houille compacte;

2° Houille grasse, qui se trouve à Littry (Calvados);

3° Houille sèche ou maigre.

La mine de houille de Littry fut découverte en 1741, par M. Lacour de Balleroy, qui la fit exploiter.

La Houille compacte est facile à reconnaître : elle est légère, et elle brûle avec une flamme blanchâtre, brillante, sans donner beaucoup de fumée et répandant une odeur assez agréable. Elle est en masses solides, à cassure droite ou conchoïde ; on peut la tailler et la polir au tour.

La Houille grasse est plus pesante ; sa couleur est plus brillante ; elle se boursoufle en brûlant, ses parties s'agglutinent et forment un foyer très-ardent dont l'activité agit puissamment sur le métal ; aussi est-elle employée de préférence par les serruriers, maréchaux, etc. La fumée de cette espèce est très-noire et répand une odeur très-désagréable.

La Houille sèche, plus pesante que les deux espèces précédentes, est d'une couleur beaucoup moins éclatante ; elle brûle difficilement et répand une odeur très-sulfureuse. Cette espèce contient beaucoup de pyrites dont la décomposition au contact de l'air et aidée de l'humidité, peut occasioner une combustion spontanée. Cette espèce ne donnant presque pas de bitume et point d'ammoniaque, est employée dans les usages domestiques, mais ne peut servir aux usages de la forge.

2° *Anthracite.*

L'Anthracite est une substance de la classe des combustibles non métalliques. Elle est assez semblable à la houille dont on la distingue, parce qu'elle *brûle lentement* et *avec difficulté*, sans *odeur bitumineuse*; c'est une substance noire, friable, à éclat de plombagine.

Elle ne se trouve point en Normandie.

3° *Le Lignite.*

Le Lignite est une substance combustible ou commencement de houille (charbon fossile), brune, noirâtre, compacte, schisteuse, fibreuse, conservant encore la structure des végétaux ligneux dont elle provient et qui lui ont valu le nom de Lignite (de lignum, bois). Cette substance brûle avec flamme, donne une fumée bitumineuse et, pour résidu, un charbon semblable à de la braise et des cendres semblables à celles du bois.

Le Lignite se trouve en beaucoup d'endroits, mais isolément.

4° *La Tourbe.*

La Tourbe est une matière terreuse, brune ou noirâtre, spongieuse, plus ou moins combustible, formée par l'accumulation de certaines plantes qui croissent en abondance dans les marais. La Tourbe brûle avec ou sans flamme, répand une *odeur d'herbes sèches* et donne *une braise légère* pour résidu.

Tantôt la Tourbe présente un tissu spongieux formé de mousses, de roseaux et de terre végétale; tantôt une masse homogène, molle, de couleur brune. On y découvre des branches de bois, des noisettes, même des arbres renversés.

La Tourbe s'exploite à Ver, à Secqueville-en-Bessin, etc.; on en trouvait jadis à Juaye, à St-Amator, à Meuvaines.

5° ROCHES FELDSPATHIQUES.

Par Roches feldspathiques on entend des roches dans lesquelles le Feldspath (page 22) domine, ainsi que l'étymologie l'indique, et qui en outre contiennent plus ou moins de quartz (page 26) et de mica (page 23) et même de talc, ce qui constitue les différentes variétés ou espèces ainsi que nous le voyons dans le tableau ci-après :

1° Le Granite	composé de	feldspath, — mica, — quartz;
2° Le Gneiss	—	feldspath, — mica;
3° Le Pegmatite	—	feldspath, — quartz;
4° Le Kaolin	—	altération du feldspath;
5° La Syénite	—	feldspath, — amphibole;
6° L'Eurite ou	—	granite à grains fins;
7° Le Porphyre	—	feldspath compacte en cristaux;
8° Le Pétro-Silex	—	feldspath, mais à cassure écailleuse.

A la suite de ces huit espèces, on doit encore ranger la diorite ou diabase, ainsi que le trapp, roches qui diffèrent de la syénite proprement dite en ce que l'amphibole est la substance prédominante, tandis que c'est le feldspath dans la syénite.

On voit souvent les mêmes strates ou masses devenir successivement granite, pegmatite, gneiss et eurite dans les carrières de la Bellière, route de Vire à Condé.

1° *Le Granite.*

Les Granites sont des roches du sol primordial, supérieures cependant au trapp et composées de feldspath, de quartz et de mica immédiatement agrégés entre eux et comme entrelacés.

Les anciens naturalistes, qui ne voyaient dans le Granite que des fragments de grains de différentes substances agglutinés entre eux, à peu près de la même manière que ceux dont le grès est formé, avaient puisé dans cette idée le nom de *Granite* qui signifie *Pierre grenue.*

Le quartz forme souvent à lui seul les deux cinquièmes ou le tiers de la masse ; il a le plus souvent une couleur grise ; le mica est tantôt noir, tantôt d'un bleu d'argent. Les teintes du feldspath sont très variées.

Le Granite est toujours massif : il n'y a point de couches ou stratification dans ces roches ; elles sont par blocs.

Le feldspath, le quartz et le mica sont les éléments essentiels du Granite, mais parfois ils semblent s'associer d'autres substances telles que l'amphibole , etc.

Parmi les Granites de la Normandie , nous remarquerons :

1° Le Granite gris ;

2° Le Granite jaune ou jaunâtre.

1° Le granite gris est composé de feldspath blanc ou verdâtre , de mica noir ou bronzé et d'une assez grande quantité de quartz hyalin ; c'est le plus dur et le plus estimé. On en exploite beaucoup à Vaudry près de Vire. De là le nom vulgaire de *vaudry*, *voidrille* donné à cette espèce,

2° Le Granite jaune ou jaunâtre qui diffère par la couleur.

On en trouve de très altéré aux environs de Vire, auquel on donne le nom de *Grison*.

La variété de Granite qui paraît la plus abondante est à grains moyens et à teinte grisâtre.

Le Granite à grains fins prend le nom d'eurite ou porphyre euritique.

Quand le mica manque on a le pegmatite; quand il est remplacé par l'amphibole, on a la syénite.

C'est surtout dans le département de la Manche que l'on trouve le plus beau granite et en plus nombreuse quantité. On connaît les Granites de Flamanville, de Réville, de Gatteville, où on admire le beau phare qui a 150 pieds de haut, sur 24 de diamètre à sa base, et 16 à la partie supérieure. Il est construit entièrement en granite de l'endroit.

2° *Le Gneiss.*

Le Gneiss est une roche composée de feldspath et de mica disposés par couches, à structure toujours *schistoïde*, due principalement à la disposition des lamelles du mica.

Le quartz ne s'y rencontre que d'une manière accidentelle; le feldspath est tantôt arénoïde, tantôt en grains plus prononcés.

Le Gneiss forme un système de terrain qui se montre souvent à découvert à la surface du globe; il est regardé comme le plus ancien après le terrain de granite sur lequel il repose. On le trouve recouvert par les autres.

C'est dans le Gneiss que se trouve principalement le kaolin provenant de grandes masses de pegmatite qui lui sont subordonnées.

Le Gneiss assez semblable au granite par sa composition, en diffère par sa structure qui est *feuilletée* ou schistoïde.

On trouve à Clinchamps près de Vire, le Gneiss *mâclifère*, composé de feuilles régulièrement alternant de feldspath et de quartz grisâtre et de mica brun (*voyez* Mâcles, *page* 54).

3° *Pegmatite*.

Roches feldspathiques essentiellement composées de feldspath laminaire et de cristaux de quartz.

La différence de la composition du granite et du Pegmatite consiste en ce que dans cette dernière espèce il n'y a point ou presque jamais de mica.

Le Pegmatite se compose de cristaux ordinairement très volumineux de feldspath jaunâtre, de quartz hyalin et parfois, mais rarement, de mica brun.

Il se trouve en amas dans le granite, mais toujours sur ses bords et le plus souvent au contact des roches mâclifères (carrière de la Bellière).

Nous distinguerons deux variétés de cette roche :

1° Le Pétunzé;
2° Le Kaolin.

Le Pétunzé, première variété, est un des principes constituants de la porcelaine. Le Pétunzé, ou feldspath fusible à un haut degré, fond la pâte de porcelaine ; appliqué sur l'extérieur, il en forme l'émail.

Le Kaolin, ou pegmatite graphique, est une variété compacte du feldspath altéré ; c'est une espèce d'argile ; aussi beaucoup d'auteurs le rangent dans la classe des argiles, dont il a les caractères (voyez page *44*).

Le Kaolin est blanc, terreux, friable, doux au toucher, faisant difficilement pâte avec l'eau.

Cette variété résulte de la décomposition de feldspath laminaire et de grains de quartz ; par suite de cette décomposition, le feldspath, d'abord fusible, devient réfractaire.

Lorsqu'on délaie cette roche altérée, le quartz plus pesant, tombe au fond de l'eau.

Le Kaolin forme le fond de la porcelaine avec le pétunzé qui lui sert de fondant. Cette dernière substance n'entre dans la composition que dans la proportion de 15 p. 100.

Le kaolin, employé dans la fabrique de porcelaine de Bayeux, se trouve dans le canton des Pieux, arrondissement de Cherbourg.

5° *La Syénite.*

Roche cristalline, feldspathique des terrains primitifs, composée essentiellement de grains de feldspath et d'amphibole.

Le nom de cette roche vient de Syène, ville de la Haute-Égypte, où se trouve le granite âcre ou granite amphibolifère.

Parfois cette roche contient du mica et du quartz.

Nous remarquerons en Normandie la Syénite granitoïde, souvent quartzifère; elle se trouve surtout à St-Louet-sur-Noyon, St-Sauveur Landelain dans la Manche.

Le mica qui se trouve dans le granite, est remplacé par l'amphibole dans la Syénite.

Les grains de la Syénite sont *rouges*, ce qui suffit pour les différencier suffisamment de la diorite dans laquelle ils sont noirs.

6° *L'Eurite.*

L'Eurite est une variété à grains fins du granite ou du porphyre, que l'on nomme porphyre euritique. Cette matière fournit la pâte du pétro-silex.

On trouve de l'Eurite à Vire, à Flamanville.

7° *Le Porphyre.*

Le Porphyre est une roche composée d'une pâte

de feldspath compacte plus ou moins mélangée, qui enveloppe des cristaux de feldspath ordinairement blanchâtres.

Cette roche est susceptible de recevoir un beau poli ; on sait quel parti les anciens tiraient du porphyre d'Égypte.

On trouve du porphyre noir et rose aux Pieux, arrondissement de Cherbourg, à Pierreville et à Surtainville (Manche).

On en trouve aussi à Littry près du côteau du Montmirel, entre les phyllades et le terrain houiller.

8° *Pétro-Silex*.

Cette roche est à base de feldspath compacte, à *cassure écailleuse*, *rayant l'acier*, diversement colorée.

Elle forme comme la pâte de l'eurite et passe insensiblement au porphyre et au granite.

(Voyez protogyne, à l'appendice, chapitre 4.)

A la suite des roches feldspathiques nous devons placer les roches amphiboliques qui ont avec elles beaucoup d'analogie par leurs éléments constitutifs et dont nous avons déjà parlé (page 39).

ROCHES AMPHIBOLIQUES.

Les Roches amphiboliques sont composées d'amphibole, de feldspath, de mica, d'alumine.

Les espèces que nous trouvons en Normandie, sont la diorite et le trapp.

1° *Diorite ou Diabase.*

Cette roche est d'un vert noirâtre avec des grains ou points blancs, formés surtout par le mica. Elle est essentiellement composée d'amphibole et de feldspath, à peu près également disséminés ; nous n'en avons qu'une espèce.

La Diorite granitoïde.

Cotte espèce se trouve à Parfouru-l'Éclin (Calvados), à St-Louet-sur-Noyon (Manche), etc. Elle forme des couches intermédiaires intercalées dans la grauwacke.

Les grains de la Diorite granitoïde sont *noirs*, tandis que ceux de la syénite sont *rouges*.

2° *Le Trapp.*

Le Trapp appartient aux terrains primitifs, et forme la dernière couche connue après le granite qui le recouvre.

Le Trapp est un mélange intime d'amphibole et de feldspath.

Nous trouvons deux variétés de Trapp :

1° Le Trapp noir ou feldspathique, à Flamanville (Manche);
2° Le Trapp terne, à Granville, Avranches.

Nous remarquerons qu'une variété de Trapp dite *cornéenne* ou *lydienne*, est connue sous le nom de *pierre de touche* dont on se sert pour essayer l'or. On frotte sur cette pierre le métal qu'on veut éprouver. On verse ensuite de *l'acide nitrique* sur la trace; si c'est de l'or, il ne se dissout point; mais si c'est du cuivre doré, ou de l'or mélangé d'alliage, les métaux, autres que l'or, sont dissouts par l'acide.

On trouve des noyaux de lydienne dans le poudingue quartzeux à St-Germain-sur-Ai, à Cavigny (Manche.)

6° Roches ferrifères.

Par Roches ferrifères, on entend des roches qui contiennent le fer à l'état d'oxide ou autrement, sous la couleur ou apparence de rouille.

Le fer seul formant, à proprement parler, des

masses, on n'a point donné de nom aux autres roches qui contiennent les autres métaux.

Le fer et les autres substances métalliques ne se trouvent point ordinairement à l'état naturel ou *natif*. Les métaux sont le plus souvent entourés de substances d'une nature différente, ordinairement pierreuse, qui leur sert d'enveloppe et dont il faut les débarrasser pour les obtenir à l'état de pureté. Cette enveloppe se nomme *Gangue*, et l'ensemble du minéral et de la gangue se nomme *Minerai*. La nature de la gangue diffère ordinairement de celle de la roche environnante, ou souvent elle n'en est qu'une altération. Un même gîte de minerai renferme ordinairement plusieurs espèces de gangue, telles que le quartz, le calcaire spathique, etc.

On emploie dans les usines différents moyens tels que le grillage, la fusion, etc., pour *débarrasser* le minéral de sa gangue et l'obtenir *pur*.

En Normandie nous trouvons très-peu de métaux: le fer, l'argent, le mercure, le plomb, qu'on y a trouvés accidentellement, y sont en trop faible quantité pour que le produit couvre même les dépenses d'exploitation.

L'ancien grès rouge se charge tellement d'oxide de fer qu'il fournit des couches de minerai brun ou rouge qui ont été exploitées autrefois à Urville sur les bords de la rivière de Laize, et à la Mousse près d'Harcourt. On y voit encore de profondes excavations nommées par les habitants *fosses d'enfer*, d'où on a extrait autrefois du minerai de fer dont la fonte se faisait dans les forges de Danvou et à Balleroy. Les substances hétérogènes ou gangues vitrifiées par l'action des fourneaux portent le nom de *scories*. On en trouve fréquemment dans le voisinage de ces forges qui ont cessé de fonctionner. On les prendrait pour du quartz bleu ou verdâtre.

Il y avait autrefois une *mine de mercure* ou *vif argent*, qui était exploitée à la Chapelle-au-Juger (Manche).

On a également trouvé des grains *d'argent natif* dans l'ardoisière de Curcy, commune près d'Harcourt, dont quelques-uns étaient même de la grosseur d'une balle de fusil, mais le plus ordinairement de la grosseur du plomb de chasse ; cet argent contenait argent pur 0,90, cuivre 0,10p. 100 composition semblable à celle de l'argent monnayé qui contient 1,10e d'alliage.

Nous avons vu (page 53) que l'on avait trouvé une mine de plomb à Surtainville.

Observation. Il n'y a point rigoureusement parlant de roches *spécialement* ferrifères ; mais comme cette locution est admise, je m'en suis servi.

7° Roches micacées.

Ces roches sont composées de mica et de quartz unis aux schistes.

Le quartz est rare dans ces roches ; les lamelles de mica forment les feuillets de cette roche qui appartient aux terrains anciens et se trouve superposée au granite et au gneiss.

La structure schisteuse de ces roches empêche de les confondre avec le grès micacé.

Nous les avons déjà indiquées à l'article des roches argiloïdes (page 49).

Micaschiste.

On distingue deux variétés du Micaschiste :

1° Le Micaschiste ordinaire, composé de couches successives de mica et de quartz ;

2° Le Micaschiste phylladiforme ou à grains fins que l'on peut aisément confondre avec les phyllades proprement dits, qui ne sont eux-mêmes que des modifications des schistes. — Se trouve à Condé, Clécy, Mortain (Manche), etc.

8° Roches pyroxéniques.

Le pyroxène (page 25) est la base de ces roches ;

seul aussi, ainsi que nous l'avons dit, il forme des roches assez puissantes. On compte trois variétés principales du pyroxène, mais il entre dans la composition de plusieurs espèces de roches toutes étrangères à notre pays, parmi lesquelles nous ne remarquerons, comme étant très-connues, que les *laves* ou substances minérales, en masses, qui, mises en fusion par l'action des courants volcaniques, sont rejetées du sein du cratère des volcans, et se solidifient sur les terrains environnants où elles portent la désolation.

L'analyse des laves y a fait découvrir le pyroxène et le feldspath qui y dominent alternativement; de là la dénomination de laves pyroxéniques et de laves feldspathiques.

C'est encore dans le voisinage des volcans que se trouvent la *pierre-ponce* dont les ouvriers se servent pour polir leurs ouvrages, et ensuite la *pouzzolane* qui, triturée et mêlée à la chaux, formait *le mortier* si solide des Romains.

9° Roches quartzifères.

Ces roches sont essentiellement composées de quartz empâté parfois dans certaines roches de cette série, dans un ciment siliceux, argileux ou calcaire, et dans lesquelles on trouve du mica, du feldspath et des oxides de fer.

Nous remarquerons :

1° Le Quartz ;

2° Les Sables ;

3° Les Grès.

1° *Le Quartz.*

L'une des espèces la plus remarquable par le grand rôle qu'elle remplit dans la structure du globe, et par les usages multipliés auxquels se prêtent ses nombreuses variétés, le Quartz, se divise en beaucoup d'espèces ou variétés qui elles-mêmes ont des noms spécifiques.

Nous remarquerons, ainsi que nous l'avons dit (page 26), que le Quartz est de la silice presque pure.

Nous avons également remarqué que le caractère négatif *d'infusibilité* empêche de le confondre avec le feldspath qui comme lui étincelle sous le choc du briquet, raie le verre, etc.

On distingue quatre espèces principales de Quartz :

1° Le Quartz hyalin ;

2° Le Quartz agate ;

3° Le Quartz jaspe ;

4° Le Quartz arénacé ou sable.

1° Quartz hyalin.

Nous trouvons en Normandie le *Quartz hyalin* ordinaire et le *Quartz hyalin laiteux*.

Lorsque le quartz est pur, limpide, transparent, il porte le nom de *Cristal de roche;* il se trouve en cristaux.

Le quartz noir verdâtre porte le nom de *Béril, Aigue-marine*. Il se trouve en cristaux aux environs d'Alençon, et il porte le nom de *diamant d'Alençon*.

Parmi les espèces étrangères nous remarquerons *l'améthyste, le saphir d'eau, la fausse topaze*.

2° Quartz agate.

Parmi les variétés du Quartz agate on remarque le Quartz agate grossier qui renferme les silex, ordinairement *pierres à feu*, dont une variété dite *silex pyromaque* forme la *pierre à fusil*, ensuite le *silex molaire* qui donne la *pierre à meule de moulin*; nous avons aussi le silex noir, le silex corné, etc. Le Quartz *agate fin* fournit plusieurs pierres que les jouaillers emploient, telles que les cornalines, etc. Nous n'en avons point d'espèce en Normandie, non plus que de quartz jaspe.

2° *Sables* (Quartz arénacé).

Le Quartz arénacé fournit ces immenses dépôt de sables réunis en divers endroits en amas parfois très-considérables, et qui varient de finesse et de couleur, du jaune au blanchâtre. Il y a des sables de mer, d'eau douce et de terre.

On distingue le sable composé de quartz et de silice pure, et le sable qui, outre la silice, contient du calcaire; tel est celui qui se trouve au bord de la mer, à l'embouchure des rivières, dans les terrains calcaires. Une espèce porte surtout le nom de *Tangue*.

Tangue.

Nous devons remarquer le sable silicéo-calcaire ou composé de silice et de calcaire, connu sous le nom de *Tangue*, qui se trouve à l'embouchure des rivières et qui fournit un excellent engrais.

La Tangue est donc une combinaison de vase d'eau douce et de sable marin, renfermant beaucoup de parcelles de calcaire, provenant surtout des débris de coquilles d'animaux marins; delà la vive effervescence qu'elle produit par les acides. On en ramasse beaucoup à Isigny pour engraisser les terres.

3° *Les Grès.*

Les Grès sont composés de quartz empâté dans du ciment siliceux, argileux ou calcaire (d'où parfois effervescence). On y trouve du mica, du feldspath et des oxides de fer.

Le Grès a donc la dureté et l'infusibilité du quartz, et comme lui donne l'étincelle par le briquet; mais on l'en distingue aisément parce qu'il n'en a ni l'aspect ni la cassure; celle du Grès, quoique luisante, est écailleuse, et ne peut se confondre avec celle du quartz qui est lisse.

On trouve dans le Grès des corps organisés fossiles, soit du règne animal, soit du règne végétal.

On distingue le Grès proprement dit, la psammite ou grauwacke, ou grès intermédiaire, et l'arkose.

1° Grès proprement dit :

Parmi les Grès proprement dits on trouve surtout en Normandie :

1° Le Grès rouge ancien ou grès des paveurs, qui contient de l'oxide de fer. — May; etc.;

2° Le Grès bigarré, ou nouveau grès rouge, ou *Red-marle*; dans le premier banc il est simple; dans le second il y a beaucoup de mica. Cartigny, la Folie, etc.; souvent ce grès est tendre;

3° Le Grès houiller de Littry; les taches noirâtres qu'on y remarque sont dues à la présence du charbon de terre ; on y trouve aussi du mica ;

4° Le Grès marneux lustré. — Cherbourg ;

5° Le Grès calcaire qui, outre le caractère d'étinceler par le choc du briquet, fait effervescence dans les acides. — Auberville, etc. ;

6° Grès feldspathique formé de quartz rose et de feldspath et souvent traversé de filons de quartz hyalin ;

7° Grès quartzeux. — Forme la montagne du Roule à Cherbourg ;

8° Grès micacé, remarquable par le mica qui s'y trouve. — May, Cartigny, etc. ;

9° Grès phylladifère ou schisteux. (1)

2° Arkose.

Sous ce nom on comprend les modifications du grès quartzeux feldspathique. On reconnait très-aisément cette modification au grain qui est rude et gros. — Se trouve à la Pernelle, route de Quettehou à Barfleur, à Brix, (Manche), etc.

3° Psammite, Grauwacke ou Grès intermédiaire.

Le nom de Grès intermédiaire convient à cette

(1) Le Grès supérieur à la craie se trouve à Broglie, à Saint-Laurent-des-Grès. On en fabrique des bancs, des pavés, des meules ; il renferme des coquilles.

division qui contient les espèces qui font le passage des phyllades ou schistes arénacés aux grès proprement dits.

La Psammite ou Grès intermédiaire ou Grauwacke *étincelle par le briquet.* Ce caractère empêche de confondre cette roche avec les schistes grossiers qui lui ressemblent beaucoup.

La Grauwacke est un assemblage de grains de quartz, de feldspath, de mica et de phyllades très-petits et altérés, agglutinés mécaniquement par un ciment ordinairement de la nature des phyllades (page 52), et qui est à grains tantôt assez gros, tantôt fins.

La Grauwacke se trouve avec les schistes grossiers dont elle est une modification.

Nous remarquerons la Grauwacke à gros grains, dure, verdâtre, qui s'extrait de la carrière de M. Le Boutciller, à Livry. On s'en est servi pour paver la rue Conseil, à Bayeux.

10° Roches talqueuses.

Roche cristalline à *structure schisteuse,* composée essentiellement de lamelles de talc, et renfermant différents minéraux disséminés, tels que l'amphibole, le quartz, le fer oxidé, le fer sulfuré aurifère et même du pyroxène.

Nous ne trouvons dans notre pays que le *stéaschiste* ou schiste talqueux, ou talc schisteux.

Cette roche prend quelquefois l'aspect phylladiforme et contient parfois de la protogyne (*Voyez chapitre 4*).

Les stéaschistes phylladiformes sont parfois chargés de particules quartzeuses, et alors ils sont assez durs pour recevoir une espèce de poli ; c'est à cette variété de roche qu'il faut rapporter les pierres qui servent à *aiguiser les faux*.

Les stéaschistes ordinaires ne diffèrent des micaschistes que parce que dans les micaschistes se trouve le mica, qui manque dans le stéaschiste où il est remplacé par le talc.

La couleur ordinairement verdâtre des stéaschistes, est produite par la présence de la chlorite (page 27).

Les stéaschistes se trouvent à Cherbourg ainsi que le stéaschiste noduleux.

11° Roches d'agrégation.

Les Roches d'agrégation ne renferment point d'espèces nouvelles en minéralogie ; elles comprennent les grès, les sables, les *tufs*, les *poudingues*, les *brèches* ; expliquons ces trois derniers mots.

1° *Tuf.*

Par Tuf on entend des pierres poreuses, produites par voie de sédiment où d'incrustation, et provenant de matières pulvérisées, remaniées et tassées par les eaux ; on remarque :

1° Des Tufs calcaires, auxquels on donne quelquefois le nom de *Travertin* (1).

On en trouve dans beaucoup de localités, telles que sur les falaises de Port-en-Bessin, de Sainte-Honorine, etc., etc. ;

2° Des Tufs siliceux ;

3° Des Tufs volcaniques.

Plusieurs sources de nos terrains secondaires tiennent en solution une quantité considérable de matière calcaire qui se précipite et se sépare de l'eau, lorsque l'acide vient à s'échapper au contact de l'air. Cette substance s'agglomère avec les végétaux qui, en se détruisant, laissent des espaces ou vides qui occasionnent la porosité que l'on remarque dans le Tuf.

Une variété du Tuf porte le nom de *Falun*. La cathédrale de Coutances est construite en grande partie avec du Tuf calcaire.

(1) Il y a cependant une différence entre le Tuf et le Travertin ; celui-ci est beaucoup moins poreux que le premier.

C'est ici le lieu de parler des *incrustations*, des *stalactites* et des *stalagmites*.

Par *incrustation*, on entend des dépôts de sels calcaires que contiennent certaines eaux, telles que celles de St-Nectaire, département du Puy-de-Dôme, de St-Allyre, près de Clermont en Auvergne, de la fontaine d'Orches, près du Hâvre. Ces sources ainsi que beaucoup d'autres, à Arcueil près de Paris, à Tivoli près de Rouen, ont la vertu *incrustante* ; c'est-à-dire que lorsqu'on y met par exemple des nids d'oiseau, le dépôt de ces eaux recouvre les parties du nid d'un sédiment ou enveloppe pierreuse à laquelle on donne vulgairement, mais improprement, le nom de *pétrification*.

Par *Stalactites* on entend des concrétions pierreuses affectant diverses formes ; et qui résultent de l'infiltration des eaux chargées de calcaire ou de molécules métalliques à travers les voûtes des cavités souterraines. Parfois ces concrétions acquièrent un volume assez considérable et des ramifications nombreuses. De même que lorsque les premières gouttes d'eau se gèlent aux larmiers, et que d'autres gouttes coulent sur ces premières se gèlent à leur tour et augmentent la masse, de même lorsque les premières gouttes d'eau qui ont traversé les parois d'une voûte, y ont laissé les particules calcaires qu'elles contenaient, les gouttes qui continuent à filtrer déposent sur cette base première un nouveau sédiment et en augmentent ainsi successivement la masse. Ces stalactites ont rendu plusieurs grottes célèbres; nous remarquerons en Normandie celle de Caumont près de Rouen.

Enfin, les *Stalagmites*. En tombant sur le sol, l'eau n'est pas encore entièrement privée de molécules calcaires ; ces molécules s'agglomèrent également et forment des dépôts, mais *sans* ramifications, qui s'élèvent quelquefois au point de se joindre à la pointe ou extrémité des stalactites qui pendent à la voûte.

Lorsque les stalagmites sont en grandes masses susceptibles d'être taillées et polies, elles constituent ce qu'on appelle *Albâtre* dans les arts, et dont on fait des vases, des châsses de pendules.

La différence qui existe entre les stalactites et les stalagmites consiste donc en ce que les premières *descendent* de la voûte sur le sol en formant beaucoup de ramifications, tandis que les secondes *s'élèvent* en masses entières du sol vers la voûte.

2° *Poudingues*.

Par Poudingues on entend une agglomération de minéraux roulés, *arrondis* et réunis en masses plus ou moins considérables et liés entre eux par un ciment quelconque.

3° *Brèches.*

Les Brèches diffèrent des poudingues en ce que les minéraux sont *anguleux* au lieu d'être arrondis.

4° *Galets.*

On comprend sous ce nom des pierres de différentes espèces qui ont été détachées des blocs primitifs de leurs roches, et *roulées* par les eaux, surtout par la mer. On les trouve souvent en masses dans les terres où ils forment des bancs ou dépôts souvent considérables ; on leur donne vulgairement le nom de *Piquerai* ; lorsqu'ils sont entièrement brisés, ils forment le *Gravier*.

Observation. Dans l'énumération des roches, je n'ai dû citer que les principales localités où elles se rencontrent. On trouvera dans la topographie géognostique de M. de Caumont l'indication des autres, et on les notera soi-même en faisant une collection.

A l'étude des éléments et des substances constitutives des roches, a succédé un exposé sommaire des principales espèces ; la connaissance de leur position relative est l'objet spécial de la géologie, ainsi que nous l'avons déjà vu.

—

APPENDICE.

CHAPITRE IV.

La connaissance des roches de notre province est le but que je me suis proposé dans ce travail; cependant il ne sera peut-être pas inutile d'indiquer comme supplément quelques substances étrangères, mais dont le nom et les usages sont très-communs. Nous suivrons l'ordre des roches pour les classer.

§ 1er.

Roches argileuses.

Ocres.

Les Ocres sont des matières terreuses, colorées en rouge ou en jaune par les oxides de fer; elles *happent* à la langue, mais ne font qu'une pâte *courte* avec l'eau.

Les Ocres rouges nous viennent des pays étrangers. On trouve en France des ocres jaunes; *la terre de Sienne* que l'on rencontre aux environs de Sienne, ville d'Italie, est d'un beau jaune, et doit à l'action du feu, dans lequel on la fait griller, la teinte rouge qui lui est particulière. De là le nom de *terre de Sienne calcinée*.

La *sanguine* est une ocre assez fortement colorée en rouge avec laquelle on fait des crayons. *Le rouge de Prusse* est une ocre jaune qui, calcinée au feu, devient rouge.

Roches argiloïdes.

1° *Tripolis.*

Les *Tripolis* sont des substances argiloïdes, ne *faisant point* pâte avec l'eau, et composées particulièrement de silice. On les regarde comme provenant de schistes calcinés par les volcans, ou altérés par suite de la décomposition des pyrites qui les accompagnent. On en trouve près de Rennes, de Riom en Auvergne et dans le voisinage des volcans.

On sait que le Tripoli sert à polir les métaux, et que plus cette substance est finement broyée, plus le poli est parfait.

2° *Schiste impressionné.*

Par *Schiste impressionné* on entend un schiste qui offre beaucoup de modifications quant à sa nature, mais dans lequel on remarque l'empreinte de fougères ou de végétaux inconnus. Cette variété se trouve dans les formations de houille. On en remarque dans les mines de houille à Littry.

Roches carbonifères.

Jayet ou Jais.

Le *Jayet* ou *Jais* d'un beau noir, dont on fait des ornements, est un lignite très-dur, susceptible d'être poli et mis au tour.

Roches ferrifères.

Pierre d'aimant.

Ce que l'on nomme vulgairement *Pierre d'aimant* ou *Aimant naturel*, est du fer oligiste ou oxide de fer magnétique, résultat de la combinaison du protoxide et du péroxide de fer. Cette substance se trouve en cristaux ou masses pourvues de l'éclat métallique. On l'exploite en Suède, Norwège, Russie, Amérique, à l'île d'Elbe, etc.

Roches feldspathiques.

Protogyne.

Nous avons vu, page 71, la composition du granite et de ses variétés ; *la Protogyne* est une roche composée de quartz, de feldspath et de *talc*. Cette dernière substance est presque toujours chloriteuse et donne à la roche une *teinte verdâtre*. Nous ne faisons que l'indiquer ici, car elle ne se trouve point en Normandie. Elle paraît appartenir à la partie supérieure des terrains talqueux.

Roches pyroxéniques.

Laves, Pierre ponce, Basalte, Dolérite, Wacke.

Nous avons parlé des Laves à l'article des roches pyroxéniques, nous remarquerons encore parmi les roches qui s'y rapportent :

1° La Pierre ponce ;
2° Le Basalte ;
3° La Dolérite ;
4° Le Wacke.

1° *Pierre ponce.*

La Pierre ponce est un résidu ou *scorie* des éruptions volcaniques. Cette pierre est ordinairement assez légère pour surnager ; réduite en poudre et mélangée de chaux, elle fournit un ciment parfait.

La variété commune vient des îles de Ponce et de Lipari d'où elle tire son nom. On s'en sert pour polir le bois, l'ivoire, etc.

2° *Le Basalte.*

Le Basalte forme des roches composées de pyroxène, d'amphibole et de feldspath, qui s'élèvent quelquefois en prismes hexagones, tels que celles qui forment la célèbre *Chaussée des Géants*, au Cap de Fairhead en Islande, et la grotte de *Fingal* dans l'île de Staffa en Écosse.

3° *La Dolérite ou Dolérine.*

La Dolérite est une roche composée surtout de feldspath très-fin, et qui repose ordinairement sur le basalte auquel elle passe insensiblement.

4° *Le Wacke.*

Le Wacke ou Vacke diffère des roches précédentes par sa substance tendre et de nature argiloïde ; cette dernière espèce forme des couches entre les roches de basalte.

§ II.

Oxides alcalins.

Baryte, etc.

A la suite de ces roches nous remarquerons encore la Baryte :

Il y a deux espèces de Baryte : *la Baryte carbonatée* composée de 77, 66 de Baryum et de 22,34 d'acide carbonique, *et la Baryte sulfatée* qui contient 0,66 de baryum et 0,34 d'acide sulfurique.

On la nomme encore *Spath pesant,* dénomination tirée de sa pesanteur.

La Baryte sulfatée se trouve par cristaux, en petites masses disséminées, ou même par filons dans les terrains anciens. J'en ai trouvé dans le grès quartzeux sur la montagne du Roule à Cherbourg.

Au sujet de cette substance nous dirons un mot des alcalis ; ce mot vient des Arabes dont les recherches dans l'alchimie ont précédé et préparé la chimie moderne : *al* équivaut à notre article *le,* et *kali,* plante maritime dont on retire la soude.

Par alcali les anciens chimistes entendaient des substances qui ont une saveur ou propriété particulière nommée *lixivielle* (propre à faire la lessive), et celle plus ou moins prononcée de dissoudre les matières animales, même la peau : de là la dénomination d'alcali *caustique* pour ceux qui la possédaient, et d'alcali *dulcifié* pour ceux qui en sont privés.

On nommait *Soude* le résultat obtenu des cendres des végétaux *marins*, et *Potasse* celui des végétaux *terrestres*.

Maintenant on appelle oxides alcalins les oxides des métaux Baryum, Lithium, Magnésium, Potassium, Sodium et Strontium.

De là les noms de Baryte, Lithine, Magnésie, Potasse, Soude et Strontiane.

Ces oxides ont la propriété (page 8) de verdir certaines couleurs bleues végétales, telles que le *sirop de violettes*.

On y ajoutait ensuite *l'ammoniaque* ou *alcali volatil*, qui est un composé d'azote et d'acide hydrochlorique. Le nom d'ammoniaque venait d'Ammonie, ville de la Lybie, où on trouvait cette substance parmi les excréments des chameaux et d'autres animaux qui se nourrissaient de plantes maritimes et salines. On la dégage aujourd'hui en France par la calcination des os, du crin et de la corne, etc.

Une théorie plus développée appartient à un cours de chimie.

§ III.

Aérolithes ou mieux Météorolithes.

On donne le nom d'*Aérolithes*, *Météorolithes*, *Bolides*, vulgairement *pierres du tonnerre*, à des masses composées de nickel, de silice, de magnésie et de cobalt, unis au fer qui est la base principale. D'autres météorolithes sont formés de diverses substances; leur analyse et leur histoire sont du domaine de la chimie et de la physique. Quant à leur origine, il n'y a encore rien de démontré. Seulement il est bien constant qu'il tombe quelquefois des pierres du ciel.

FIN.

VOCABULAIRE

ÉTYMOLOGIQUE.

A.

Comme de l'intelligence des mots dépend l'intelligence des choses, j'ai cru devoir joindre ici l'*étymologie* des principaux noms employés dans cet abrégé. Je sais cependant que quelques-unes ne peuvent être données d'une manière bien positive : je les ai marquées du signe (?) ; mais *telles quelles*, elles pourront toujours aider la mémoire.

ACIDES, du grec *akis*, pointe, parce que les acides ont une saveur piquante.

AÉROLITHES, des mots grecs *aèr*, air, et *lithos*, pierre, pierre de l'air.

AIGUE-MARINE, du latin *aqua marina*, eau de la mer, dont la couleur est bleu-verdâtre.

ALBATRE, du latin *alba*, blanche.

ALQUIFOUX, terme originaire d'Asie. Sulfure de plomb.

ALUMINE, du latin *alumen*, alun.

AMIANTHE, du grec *amianthos*, inaltérable, incombustible.

AMPÉLITE, du grec *ampelos*, vigne, terre de vigne, parce qu'on prétend que cette substance est un excellent engrais pour les vignes.

AMPHIBOLE, du grec *amphibolos*, ambigu, à cause de l'analogie apparente de cette substance avec plusieurs autres.

ANTHRACITE, du grec *anthrax*, charbon.

ARKOSE, probablement du grec *arkos*, force, en raison de la résistance qu'offre la dureté de cette pierre ?.

ARDOISE, du mot latin *ardesia* dérivé d'*Ardès*, contrée d'Irlande d'où l'on tira les premières ardoises.

ARGILE, du grec *argillos*, blanc, parce que l'argile la plus pure est blanche. — On devrait peut-être écrire *argille*.

ARGILOIDE, du grec *argillos* et *oïdos*, semblable à.

ASBESTE, du grec *asbestos*, inextinguible, incombustible, parce qu'on prétendait que cette substance ne pouvait se consumer. Elle ne résiste cependant pas à un feu ardent.

B.

BACULITES, du latin *baculus*, bâton, en forme de bâton.

BARYTE, du grec *barus*, pesant, à cause du poids de cette substance, d'où on la nomme aussi spath pesant.

BASALTE, de l'éthiopien *basal*, pierre couleur de fer ?.

BÉLEMNITES, du grec *bélemnon*, dard, trait, parce que ces fossiles imitent un dard.

BÉRIL, du grec *bérullos*, béril, herbe; pierre verte.

BOLIDES, du grec *bolidos*, trait, de *ballô*, je lance.

BRÈCHES, de l'italien *bricia*, fragment, parce que ces pierres sont formées de fragments *aigus*.

C.

CALCAIRE, du mot latin *calx*, pierre à chaux.

CALCAIRE JURASSIQUE; ce nom lui est donné parce que cette espèce forme la chaîne des montagnes du Jura.

CARBONE, du latin *carbo*, charbon; carbone, élément.

CARBONATE, acide carbonique combiné avec une base.

CASTINE, de l'allemand *kalkstein*, pierre calcaire excellente.

CATACLYSME, du grec *kataklusis*, déluge, inondation.

CHLORITE, du grec *chloros*, vert.

CHROME, du grec *chrôma*, couleur, parce que les combinaisons de cette substance sont modifiées de manière à présenter les principales couleurs.

COKE, mot anglais qui signifie charbon de terre *désulfuré, purifié*.

CORAL-RAG, de deux mots anglais, *coral*, polypier, corail, et *rag*, fragment.

CORNÉENNE ou Pierre de corne, du latin, *corneus*, de corne, parce que des variétés de l'espèce ont la transparence de la corne.

COUPEROSE, corruption de *goutte rose*, du latin *cupriros*, eau de cuivre.

CRAIE, du latin *creta*, qui a la même signification ; ce nom vient de l'île de Crète où cette substance se trouve en abondance.

D.

DÉLITER ; les pierres en général ne sont pas par masses compactes dans le sein de la terre ;

elles sont en blocs disposés par couches ou *strates*, soit horizontales, soit inclinées plus ou moins. Les blocs calcaires sont susceptibles de se fendre dans un sens parallèle à leurs strates; c'est ce qu'on appelle *se déliter*.

DIABASE, du grec *diabasis*, passage, faire le passage.

DIALLAGE, du grec *diallagè*, différence, à cause de la différence que l'on remarque entre les jointures de cette pierre.

DIORITE, du grec *diorizô*, être la limite entre deux choses.

DOLÉRITE ou DOLÉRINE, du grec *doleros*, fin, à grains fins.

DOLOMIE, du nom du célèbre naturaliste Dolomieu, qui le premier fit connaître cette substance.

E.

ÉPINOCHE, nom vulgaire donné également à une cheville de bois très-amincie par le bout et dont on se sert pour fermer l'ouverture que l'on fait à un tonneau.

ÉTYMOLOGIE, du grec *étumon*, véritable origine, et *logos*, traité de, etc.

EURITE, ou feldspath granulaire, du grec *eurizo,* je rencontre, parce que cette roche se trouve par masses, filons ?.

F.

FALUN, vieux nom donné par les habitants de la Touraine au sable calcaire qui renferme beaucoup de fossiles et de coquilles brisées.

FAIENCE, de *faënza,* ville d'Italie où cette poterie fut inventée, dit-on, vers l'an 1300.

FELDSPATH, de deux mots allemands qui signifient *pierre des champs, spath de roches.*

FIGULINE, du mot latin *figulus,* potier.

FOREST-MARBLE, de deux mots anglais *marble,* marbre, et *forest,* forêt, parce que cette espèce de calcaire que l'on polit comme le véritable marbre, s'extrait de la forêt de Wich-Wood.

G.

GALET, du latin *calculus,* petit caillou.

GANGUE, mot allemand qui signifie *enveloppe.*

GÉOLOGIE, des mots grecs *gé,* terre, *logos,* traité de, c'est-à-dire traité de la masse du globe, de la position relative des roches et des terrains qui le constituent.

GÉOGNOSIE, des mots grecs *gé*, terre et *ginoskô*, je connais; science qui s'occupe de la composition matérielle du globe.

GLAISE, du latin *glis*, terre grasse.

GNEISS, mot saxon qui signifie *granite feuilleté*.

GRAPTOLITHES, du grec *grapteon*, dérivé de *graphô*, et *lithos*, pierre, parce que ces fossiles imitent grossièrement une plume à écrire.

GRAUWACKE, mot allemand qui signifie *schiste à feu*; en effet, la grauwacke joint aux caractères généraux des schistes celui d'étinceler par le choc du briquet ?.

GRAVIER, du latin barbare, *graviera*.

GREEN-SAND, de deux mots anglais *green*, vert, et *sand*, sable.

GRÈS, du vieux mot celtique *craig*, pierre dure.

GRYPHÉES, du grec *gruptos*, recourbé, crochu.

GYPSE, du grec *gé*, terre, et *hepsô*, cuire, terre à cuire.

H.

HOUILLE, du vieux mot saxon *hullu* (*u* pour *ou*), qui signifiait également charbon de terre.

HYALIN, quartz, du grec *hualinos*, qui a une apparence vitreuse, de *hyalos*, verre.

J.

JAIS ou JAYET, de *Gagis*, fleuve de Lycie auprès duquel on découvrit cette substance.

K.

KAOLIN, nom que donnent les Chinois au feldspath décomposé.

L.

LIAS, mot anglais formé du mot français *liais*, pierre qui se trouve aux environs d'Arceuil près de Paris, et dont les maçons se servent pour faire des liaisons, d'où on a fait *pierre deliais*. Ces deux espèces ne se ressemblent cependant point.

LIGNITE, de *lignum*, bois, et *ligneus* de bois.

LUMACHELLE, de l'italien *lumachella*, formé du latin *limax*, limaçon, parce que ce marbre est rempli de coquilles.

LYDIENNE, de l'allemand *lidischer stein*, pierre de touche.

M.

MACLES, vieux mot qui signifie *pierre de croix,* parce que cette substance est de forme *quadrangulaire.*

MAGNÉSIE, du grec *magnes*, aimant, parce qu'elle happe à la langue et s'attache comme l'aimant; suivant d'autres, parce qu'on trouvait cette terre à Magnésie, ville de l'Asie mineure.

MARNE, du vieux mot celtique *marga,* terre à engrais, d'où nos anciens avaient fait *masle,* fumier, terre de fumier, et appelaient *maslières* les lieux marneux que nous nommons *marnières.*

MASSES SUBORDONNÉES; lorsque des masses d'une roche se trouvent comme intercalées entre deux lits d'une roche différente, on les appelle *masses subordonnées,* c'est-à-dire secondairement placées.

MÉTÉOROLITHES, du grec *meteoros,* élevé, et *lithos* pierre, de *meteorôn, météore,* phénomène des airs.

MICA, du mot latin *micare*, briller, à cause de l'éclat de cette substance.

MINÉRALOGIE, du grec *minera,* minéraux, et *logos*, traité.

O

OCRE, du grec *ochros*, pâle, jaunâtre.

OLIGISTE, du grec *oligiston*, très-peu, en petite quantité.

OOLITHE, du grec *oon*, œuf, et *lithos*, pierre, parce que cette substance est de forme ovoïde; on écrit aussi *oolite*, mais l'étymologie est négligée.

ORTHOCÉRATITES, du grec *orthos*, droit, et *kéras*, corne, en forme de cornes droites.

OXFORD-CLAY, de deux mots anglais *Oxford*, ville, et *clay*, argile d'.

OXIDES, du grec *oxus*, aigre. Nous avons vu, page 3, la propriété générale des oxides : beaucoup verdissent certaines couleurs bleues végétales ; mais tous n'ont pas cette propriété. Voyez *oxides alcalins*, page 100.

OXYGÈNE, du grec *oxus*, aigre, et *gennaô*, je produis, parce que c'est le gaz oxygène qui produit les acides et les oxides.

P

PASTEL, du vieux mot *paste*, pour pâte, réduit en pâte.

PEGMATITE, du grec *pegma*, devenu compacte.

PÉTRO-SILEX, de deux mots latins *petra*, pierre, et *silex*, à feu, pierre à feu.

PHOSPHATE, combinaison de l'acide phosphorique avec une base.

PISOLITHE, du grec *pison*, pois, et *lithos*, pierre, pierre ronde et grosse comme un pois. (Voyez oolithes.)

PLASTIQUE, du grec *plastikos*, propre à être façonné.

PLATRE, même étymologie.

PHYLLADE, du grec *phullon*, feuille, par feuilles, feuilleté. (Voyez schistes, dont les phyllades ne sont qu'une modification.)

PROTOGYNE, de *protos*, premier, et *gunè* formation, roche primitive.

PORPHYRE, du grec *porphuros*, pourpre, rouge, parce que le beau porphyre est rouge.

POTASSE, de l'allemand *postache*, qui signifiait *cendre de pot*, parce qu'on recueillait les cendres des végétaux brûlés dans des pots pour en extraire la potasse.

POUDINGUE, de l'anglais *pudding*, mélange; on donne ce nom aux agglomérations des pierres arrondies et liées par un ciment.

POUZZOLANE, substance que l'on trouve près de Pouzzole, ville d'Italie.

PSAMMITE, du grec *psammites,* qui aime à se trouver dans le sable.

PYRITE, du grec *pur,* feu, qui fait feu.

PYROMAQUE, du grec *pur*, feu, et *machè*, combat.

PYROXÈNE, du grec *pur,* feu et *xenos*, étranger, étranger dans le domaine du feu, parce que, dit Haüy, le pyroxène ne se trouve qu'accidentellement dans le voisinage des volcans.

Q.

QUARTZ, mot allemand qui signifie : Pierre qui résiste aux acides (l'acide fluorique excepté) et infusible.

R.

RED-MARLE, de deux mots anglais *red*, rouge, et *marle*, marne.

S.

SCHISTES, du grec *schizein*, fendre, parce que cette espèce de pierre est *fissile,* c'est-à-dire susceptible de se fendre par feuillets.

SCORIES, du grec *scor*, résidu.

SÉLÉNITE, du grec *selènè*, la lune, parce que les cristaux de sélénite réfléchissaient, dit-on, cet astre ?.

SILICE, du latin *silex*, pierre à feu.

SILICATE, combinaison de l'acide silicique avec une base.

SPATH, mot allemand qui signifie *pierre*.

STALACTITE, du grec *stalactos*, qui distille.

STALAGMITE, du grec *stalagmos*, qui suinte.

STÉASCHISTE, du grec *steur*, suif, doux comme du suif.

STRATES, du latin *stratum*, de *sternere*, couché, position couchée.

STUC, de l'italien *stucco*, mélange de plâtre et de couleur pour faire des monuments d'architecture.

SULFATE, acide sulfurique combiné avec une base.

SYÉNITE, de *Syène*, ville de la Haute-Égypte, où se trouvait le granite rose.

T.

TALC, du mot allemand *talk*, qui signifie *étoile de terre*, parce que *le mica*, auquel on donnait improprement le nom de *talc*, brille à terre.

TECHNIQUE, du grec *techné*, art, d'où *technicos*, qui appartient à l'art, mot propre à la science.

TÉGULAIRE, du latin *tegula*, tuile.

TOURBE, de l'allemand *torf*, substance végétale décomposée.

TRAPP, mot suédois qui signifie *escalier*, parce que les montagnes que forment les roches de trapp offrent par leur mode d'escarpement des espèces de marches ou gradins pour parvenir au sommet.

TRAVERTIN, de l'italien *travertino*, mot qui signifie, ainsi que *tuf*, pierre poreuse ; cependant le travertin est moins poreux que le tuf.

TRÉMOLITE; ce mot vient de *Tremola*, vallée de Suisse, près le mont Saint-Gothard, où on découvrit d'abord cette substance; on devrait peut-être écrire *trémolithe*, mais l'usage a prévalu.

TRILOBITE, du grec *treis*, trois, et *lobos*, lobe, parce que ces fossiles semblent composés de trois lobes.

TUF, du grec *tofi*, ou du latin *tofus*, pierre spongieuse (Voyez travertin).

TRIPOLI, de Tripoli, ville de Syrie, d'où on en extrait beaucoup.

W.

WACKE, mot saxon qui signifie basalte décomposé.

TABLE ALPHABÉTIQUE.

FIN DE LA TABLE.

IMPRIMERIE DE L. NICOLLE, A BAYEUX.

www.ingramcontent.com/pod-product-compliance
Ingram Content Group UK Ltd.
Pitfield, Milton Keynes, MK11 3LW, UK
UKHW020342230726
13925UKWH00003B/917